高等学校电工电子系列教材

电子电路
实验与虚拟技术
（第二版）

范爱平　编著

山东科学技术出版社

图书在版编目(CIP)数据

电子电路实验与虚拟技术/范爱平编著. —济南:山东科学技术出版社,2001.9(2013.重印)
ISBN 978 – 7 – 5331 – 2945 – 3

Ⅰ.电... Ⅱ.范... Ⅲ.①电子电路—实验②电子电路—仿真—实验 Ⅳ.TN707

中国版本图书馆 CIP 数据核字(2001)第 050198 号

电子电路实验与虚拟技术

范爱平 编著

出版者:山东科学技术出版社
地址:济南市玉函路 16 号
邮编:250002 电话:(0531)82098088
网址:www.lkj.com.cn
电子邮件:sdkj@sdpress.com.cn

发行者:山东科学技术出版社
地址:济南市玉函路 16 号
邮编:250002 电话:(0531)82098071

印刷者:山东人民印刷厂莱芜厂
地址:山东省莱芜市嬴牟大街西首
邮编:271100 电话:(0634)6276025

开本:787mm×1092mm 1/16
印张:11.5
字数:389 千字
版次:2013 年 2 月第 2 版第 6 次印刷

ISBN 978 – 7 – 5331 – 2945 – 3
定价:17.00 元

前　言

　　实验是促进科学技术发展的重要手段，也是电子技术课程教学中不可缺少的环节。多年来传统的实验方法在为帮助学生学习基本理论、基本知识、基本技能，培养学生分析问题和解决问题的能力方面发挥了重要的作用。近年来随着计算机技术的飞速发展，虚拟实验作为一种新兴的实验技术迅速崛起。虚拟实验就是利用仿真软件在计算机上做实验，所用的软件像 EWB、PSPICE 等都是国际上应用非常广泛的优秀软件。其特点是图形界面操作、简单易学、真实准确，几乎可实现所有硬件电路实验的功能。电子实验技术正面临着一场深刻的实验手段的变革。本书正是为适应这一实验技术的发展要求而编写的。

　　本书在内容的组织和编写风格上具有以下几个特点：

　　1. 本书的实验题目及内容是参照国家教委工科电工教学指导委员会制定的《电子技术基础教学基本要求》选编的，包括模拟电子技术实验 14 个和数字电子技术实验 7 个。实验内容包括基础性实验、设计性实验和综合性实验三个层次，重点放在基本技能训练上。

　　2. 将计算机虚拟实验与传统的实际实验有机地融合到一起，实验内容虚实结合、一一对应。本书的每一个实验题目都分为虚拟实验和实际实验两部分。虚拟实验用 OrCAD/PSpice 9 软件在计算机上实现，让学生学习一种现代先进的实验技术。实际实验保持了传统实验方法的精华，训练电子工程师的"看家本领"。虚拟实验和实际实验在内容上紧密结合，在方法上各具特色。通过虚实结合的实验方法既可培养学生的实验技能，又使学生熟悉了计算机的使用。对于暂时还不完全具备虚拟实验条件的学校，可将本书中的虚拟实验结果作为实际实验的理论根据或实际实验结果的参考，为此，书中给出了大部分虚拟实验结果。

　　3. 为满足电子技术实验单独设课和不单独设课两种需求，书中将"常用电子仪器与测量技术"和"电路分析软件 OrCAD/PSpice 9 简介"内容独立成章，并在每个实验中附有预习要求、思考题等内容。教师和学生可根据具体情况选择。

　　4. 本书是"电子技术基础"实验课的教材，在内容上既注意了与理论课教学内容的衔接，又兼顾了后续"课程设计"的需求。

　　5. 本书虚拟实验选用的仿真软件是 OrCAD/PSpice 9，该软件是美国知名度很高的 EDA 公司 OrCAD 公司和开发 PSpice 软件的 Microsim 公司于 1998 年实现了强强联合后推出的 PSpice 的最新版本，不仅大大丰富和完善了模拟电路的分析功能，也进一步增强了数字电路、数/模混合电路的分析功能。本书在介绍这一软件时，以实例为先导，通俗易懂。书中的所有实例及全部虚拟实验题目均在 OrCAD/PSpice 软件上通过。

　　本书是在总结山东大学电子学教研室多年实验教学经验的基础上完成的，编写过程中得到教研室全体教师的多方支持，在此表示衷心感谢。

编　者
2004 年 10 月

目 录

第一章 常用电子仪器与测量技术 1
1.1 常用电子仪器简介 1
  1.1.1 示波器的工作原理 1
  1.1.2 SR-8 型双踪示波器及其应用 3
  1.1.3 SR-071A 型双踪示波器及其应用 7
  1.1.4 EM1643 型函数发生器及其应用 10
  1.1.5 SX2172 型晶体管交流毫伏表及其应用 12
  1.1.6 MF-10 型万用表及其应用 14
  1.1.7 DT890 型数字万用表及其应用 15
  1.1.8 HT-1712G 直流稳压电源及其应用 16
1.2 基本测量技术 17
  1.2.1 电子测量的基本要求 17
  1.2.2 电子测量的分类 18
  1.2.3 直流电压的测量方法 19
  1.2.4 交流电压的测量方法 19
  1.2.5 输入电阻的测量方法 20
  1.2.6 输出电阻的测量方法 21
  1.2.7 频率与周期的测量方法 21
  1.2.8 相位的测量方法 22

第二章 仿真软件 OrCAD/PSpice 9 简介 24
2.1 概述 24
  2.1.1 PSpice 软件 24
  2.1.2 OrCAD/PSpice 9 可支持的元器件类型 24
  2.1.3 OrCAD/PSpice 9 可分析的电路特性 25
  2.1.4 OrCAD/PSpice 9 的配套软件 25
  2.1.5 OrCAD/PSpice 9 中的单位和数字 26
2.2 用 Capture 绘制电路图 27
  2.2.1 调用 Capture 软件 27
  2.2.2 新建设计项目 27
  2.2.3 配置元器件符号库 28
  2.2.4 取放元器件 29
  2.2.5 取放电源与接地符号 31

    2.2.6 连线与设置节点名 ·· 31
    2.2.7 元器件属性参数编辑 ··· 32
    2.2.8 绘图快捷工具按钮 ·· 33
2.3 用 PSpice 分析电路 ··· 34
    2.3.1 静态工作点分析 ··· 34
    2.3.2 瞬态分析 ··· 35
    2.3.3 傅里叶分析 ··· 40
    2.3.4 直流分析 ··· 41
    2.3.5 直流传输特性分析 ·· 43
    2.3.6 交流分析 ··· 44
    2.3.7 噪声分析 ··· 46
    2.3.8 参数扫描分析 ·· 46
    2.3.9 温度分析 ··· 48
    2.3.10 数字电路分析 ··· 49
2.4 虚拟实验中常用的 Capture 命令及 Probe 命令 ························· 53
    2.4.1 修改器件的模型参数 ·· 53
    2.4.2 初始偏置条件的设置 ·· 53
    2.4.3 数字电路中高低电平符号的使用 ································ 54
    2.4.4 两根 Y 轴与多窗口显示 ·· 54
    2.4.5 坐标轴的设置及坐标变换 ·· 56
    2.4.6 Probe 中的标尺及其应用 ··· 56
    2.4.7 Probe 中的波形显示符及其使用方法 ··························· 57
2.5 虚拟实验中常用测试方法 ··· 58
    2.5.1 测量电压放大倍数 ··· 58
    2.5.2 测量输入电阻、输出电阻 ·· 59
    2.5.3 测量最大输出幅度、输出功率 ··································· 60
    2.5.4 根据指标要求确定某元件的参数值 ····························· 63
    2.5.5 测量具有滞回特性器件的传输特性 ····························· 65
    2.5.6 数/模混合电路的分析测量 ······································· 65
第三章 虚拟实验 ·· 67
  实验 1 常用电子仪器的使用练习 ·· 67
  实验 2 测试半导体二极管、三极管 ··· 69
  实验 3 基本放大电路 ··· 71
  实验 4 两级阻容耦合放大器 ·· 74
  实验 5 场效应管放大器 ·· 77
  实验 6 差动放大电路 ··· 80
  实验 7 负反馈放大器 ··· 83
  实验 8 OTL 功率放大器 ··· 86

实验 9　集成运算放大器组成的基本运算电路 ························ 89
　　实验 10　集成运算放大器的非线性应用 ····························· 93
　　实验 11　RC 正弦波振荡器 ·· 95
　　实验 12　有源滤波器 ··· 97
　　实验 13　集成运算放大器的综合实验 ·································· 100
　　实验 14　串联反馈式稳压电源 ·· 102
　　实验 15　集成门电路 ··· 105
　　实验 16　半加器与全加器 ··· 108
　　实验 17　译码器与数据选择器 ·· 111
　　实验 18　集成触发器 ··· 113
　　实验 19　集成计数器、译码及显示电路 ································ 115
　　实验 20　555 定时器的应用 ··· 118
　　实验 21　D/A 转换器 ··· 122

第四章　实际实验 ··· 125
　　实验 1　常用电子仪器的使用练习 ·· 125
　　实验 2　测试半导体二极管、三极管 ····································· 127
　　实验 3　基本放大电路 ·· 130
　　实验 4　两级阻容耦合放大器 ··· 133
　　实验 5　场效应管放大器 ··· 135
　　实验 6　差动放大电路 ·· 138
　　实验 7　负反馈放大器 ·· 140
　　实验 8　OTL 功率放大器 ·· 142
　　实验 9　集成运算放大器组成的基本运算电路 ························ 144
　　实验 10　集成运算放大器的非线性应用 ······························· 146
　　实验 11　RC 正弦波振荡器 ·· 148
　　实验 12　有源滤波器 ··· 150
　　实验 13　集成运算放大器的综合实验 ·································· 151
　　实验 14　串联反馈式稳压电源 ·· 153
　　实验 15　集成门电路 ··· 155
　　实验 16　半加器与全加器 ··· 158
　　实验 17　译码器与数据选择器 ·· 160
　　实验 18　集成触发器 ··· 163
　　实验 19　集成计数器、译码及显示电路 ································ 165
　　实验 20　555 定时器的应用 ··· 168
　　实验 21　D/A 转换器 ··· 170

附录　部分数字集成电路引脚排列 ·································· 172
参考文献 ·· 175

第一章　常用电子仪器与测量技术

1.1　常用电子仪器简介

在电子技术实验室，每张实验台都备有示波器、函数发生器、交流毫伏表、万用表等电子仪器，电子电路的各种实验都是通过这些仪器来完成的。

1.1.1　示波器的工作原理

示波器是一种能直接观察和真实显示被测信号的综合性显示仪器，它不仅能定性观察电路的动态过程，还能定量测量各种电参数，所以是电子实验中必不可少的重要的测量仪器。

1. 示波器的基本组成

示波器一般是由示波管、X 轴偏转系统、Y 轴偏转系统、电源电路等几部分组成，如图 1.1.1 所示。

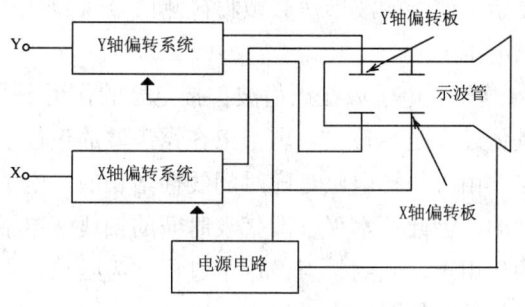

图 1.1.1　示波器的基本组成

2. 示波管

示波管是示波器中的重要器件，它是一个高真空的用静电控制的大型电子管，如图 1.1.2 所示。它由以下几部分组成：

（1）灯丝 F 及阴极 C：灯丝电压一般为 6.3V，用于加热阴极。阴极被加热后发射电子。

（2）栅极 G_1：控制阴极发射出的电子到达屏幕上的数目，用以调节光点之亮暗。

（3）前加速阳极 G_2 及聚焦阳极 A_1、A_2：构成对电子束的控制系统，它像光学中的透镜一样，使电子聚成一束（称为聚焦）。同时对电子束起加速作用，可以辅助调节聚焦。

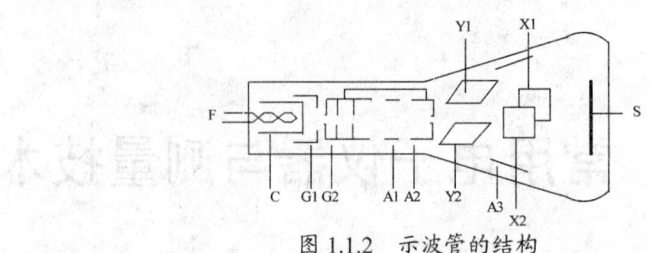

图 1.1.2　示波管的结构

（4）X 轴偏转板 X_1、X_2 和 Y 轴偏转板 Y_1、Y_2：两对偏转板分别控制电子束在垂直方向和水平方向的偏移，以改变光点位置和描绘曲线。

（5）荧光屏 S：内壁上涂有化学荧光物质（硫酸锌、硅酸锌等），当屏幕受到电子轰击时就发出荧光。

（6）加速阳极 A_3：使电子再次加速，以提高光点亮度。

当阴极 C 被灯丝加热之后就发射电子，电子经过控制栅极 G_1、前加速阳极 G_2、聚焦阳极 A_1、A_2 及加速阳极 A_3 之后，就形成一个集中的高速电子束，电子束打在荧光屏上便可发光，形成光点。

管内的电子束可由 X 轴和 Y 轴偏转板上的电压来指挥它朝上、下、左、右偏移。于是，荧光屏上的光点也随着电子束作上、下、左、右运动。只要在两对偏转板上加适当的电压，就可以在荧光屏上描出所要观察的周期性波形。

3. 波形显示原理

为了在荧光屏上显示出信号的波形，必须将被测信号 V_Y 加于 Y 偏转板，同时在 X 偏转板上加锯齿波扫描电压 V_X。

当输入电压 V_Y 等于零时，电子束在锯齿波扫描电压的作用下，将在荧光屏上描绘出一条明亮的水平线。具体过程是：首先，电子束在锯齿波的正程电压作用下由左向右移动，这个过程称为扫描。由于扫描电压是随时间线性增长的，电子束形成的光点是随时间沿水平轴等距离移动的，因此，水平轴即代表时间的轴线。电子束到达右侧端点后，又在锯齿波逆程电压的作用下，回到起点，这个过程称为回扫。由于这部分波形所占用的时间很短且仪器本身使得回扫期间光点熄灭，因此回扫过程我们看不见。此后，随扫描电压周而复始地变化，电子束的运动不断重复上述扫描过程、则光点在屏幕上连续地来回移动。当锯齿波频率较高时，光点频繁扫描，由于荧光屏有余辉时间，以及人眼睛的视觉暂留现象，我们将在屏幕上看到一条清晰的亮线。

当输入电压 V_Y 为正弦信号时，电子束在沿水平线等速运动的同时，将沿着垂直方向运动。这时荧光屏上的光点瞬时位置，由两个电压在该时刻瞬时值的合成来确定。图 1.1.3 所示为被测信号的周期 T_S 与扫描信号周期 T_C 相同时光点在荧光屏的轨迹。V_X 每扫描一次，显示一次被测信号波形。当扫描周期结束后，光点迅速返回原点。由于 $T_S = T_C$，故每一个扫描周期光点的移动轨迹与前一个扫描周期重合，这样，荧光屏上就显示出一个稳定的波形。显然，当 $T_S = 2T_C$ 时荧光屏上就会出现两个周期的稳定波形。

可见，欲使屏上显示的波形稳定，扫描电压的周期 T_C 必须是输入电压周期 T_S 的整数倍。如果 T_C 与 T_S 不完全相同，则第一个扫描周期描出的波形与第二个扫描周期描出的波形不重合，屏上看到的波形就会不停地移动，如图 1.1.4 所示。

为了保证 T_C 和 T_S 的整数倍关系，大都利用被测信号去控制时基电路的扫描信号发生器，迫使 $T_S=nT_C$。这个过程叫做同步。

4. Y 轴偏转系统

Y 轴偏转系统的作用是为 Y 轴偏转板提供所需电压。它的主要部分是放大、衰减电路。由于示波管的偏转灵敏度比较低，约为 10～20V/cm，当被测信号幅度较低时，要经 Y 轴放大器放大后，送至 Y 轴偏转板。当被测信号幅度太大时，为了避免失真，又在 Y 轴输入端设有衰减器，将信号控制在一定的幅度范围。

5. X 轴偏转系统

X 轴偏转系统的作用是为 X 轴偏转板提供所需电压。X 轴系统电路的核心部分是一个锯齿波电压发生器，由它产生扫描所需的锯齿波电压。

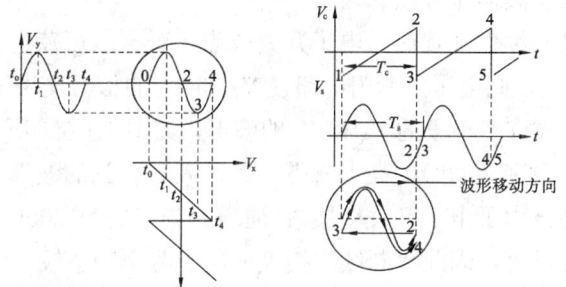

图 1.1.3　$T_S = T_C$ 时光点在荧光屏的轨迹　　图 1.1.4　$T_S \neq T_C$ 时光点在荧光屏的轨迹

6. 电源电路

电源电路的作用是为示波器各部分电路提供直流电压。

1.1.2　SR-8 型双踪示波器及其应用

1. SR-8 型双踪示波器的特点

SR-8 型双踪示波器是一种全晶体管化的小型宽频带脉冲示波器，它的频宽为 0～15MHz，具有较高的灵敏度。与普通示波器相比，它有以下几个特点：

（1）双踪显示。它可以把两种不同的电信号同时显示在屏幕上，以便于两种信号的对比、分析、研究。也可以任意选择通道独立工作，进行单踪显示。还可以两信号叠加后显示。SR-8 示波器双踪显示波形的原理是：通过内部的电子开关来控制 Y 轴系统的工作状态，以实现同时显示两种电信号，如图 1.1.5 所示。

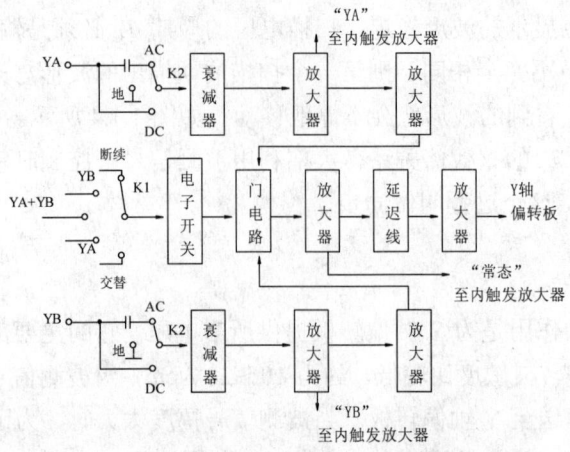

图 1.1.5 SR-8 示波器双踪显示波形原理框图

示波器的显示方式由 K_1 控制，它实际上是控制电子开关的五个工作状态。当置于"Y_A"(或"Y_B")位置时，电子开关使 Y_A(或 Y_B)的信号经门电路至 Y 轴偏转板，因而示波器做单踪显示。当置于"Y_A+Y_B"位置时，亦是单踪显示。只有当 K_1 置于"交替"或"断续"位置时，示波器才做双踪显示。

当示波器置于"断续"位置时，电子开关成为一个自激振荡电路，产生一个频率约为 200kHz 的振荡电压，此电压控制门电路使 Y_A 和 Y_B 的信号交替地转接到 Y 轴偏转板上，从而同时显示分成许多小段的 V_A 和 V_B 的波形，如图 1.1.6(a)所示。由于转接的频率比被测信号的频率高得多，间断的亮点靠得很近，人眼看到的波形就成为连续的了。如果被测信号频率较高，由于电子开关转接 Y 通道的频率仍为 200kHz，观察到的波形轨迹间的断续现象就较显著，因此"断续"挡仅适用于两个频率较低的信号的观察。

当示波器置于"交替"位置时，电子开关的转换频率受扫描系统的控制，第一次扫描时，电子开关接通 Y_B 的信号 V_B，使它完整地显示在屏幕上，第二次扫描时，电子开关接通 Y_A 的信号 V_A，使它完整地显示在屏幕上。示波器就这样随着扫描的重复，轮流地显示出 V_B 和 V_A 的图形，因为扫描重复频率较高，两个信号轮流显示的速度很快，加之荧光屏有余辉时间，以及人眼的视觉暂留的缘故，从而获得了两个波形同时显示的效果，如图 1.1.6(b)所示。在扫描频率很低时，就能看到"交替"方式下显示波形的过程，但此时不能同时看到两个波形，因此，这种方式只能适用于两个频率较高的信号的观察。

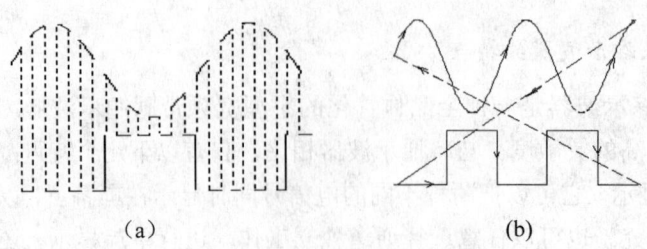

图 1.1.6 SR-8 示波器双踪显示波形的原理

(a) 断续方式　　(b) 交替方式

（2）采用触发扫描方式来稳定显示波形。所谓"触发扫描"，就是利用 Y 轴输入(或外接)脉冲的上升沿或下降沿，触发电压发生器产生扫描电压，扫描电压加到 X 轴偏转板上进行光点的扫描，由于 Y 轴上同时有输入信号，且输入信号与扫描信号始终同步，所以能够在屏幕上看到稳定的输入信号波形，如图 1.1.7 所示。

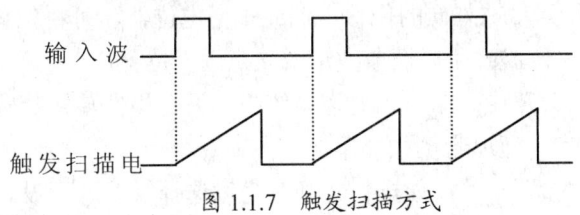

图 1.1.7　触发扫描方式

2. SR-8 型示波器面板各控制旋钮的作用

SR-8 双踪示波器面板图如图 1.1.8 所示。

（1）显示部分。

① "寻迹"按键：当按键向下按时，使偏离荧光屏的光迹回到显示区域，便于寻找光点所在的位置。

② "校准信号"输出开关：控制幅度为 lV，频率为 1kHz 的方波校准信号输出，用以校对 Y 轴的灵敏度和扫描速度。在不使用校准信号时，该开关应处于"关"的位置上。

③ 校准信号插座：校准信号由此输出。

（2）Y 轴系统。

① 显示方式开关：此开关用以转换五种显示方式。"断续"适用于观察两个频率较低的信号；"交替"适用于观察两个频率较高的信号；置"Y_A"时，Y_A 通道工作，单踪显示 Y_A；置"Y_B"时，Y_B 通道工作，单踪显示 Y_B；置"Y_A+Y_B"时，Y_A 和 Y_B 通道同时工作，且通过 Y_A 通道的极性选择开关，可显示两通道输入信号的代数和或差。

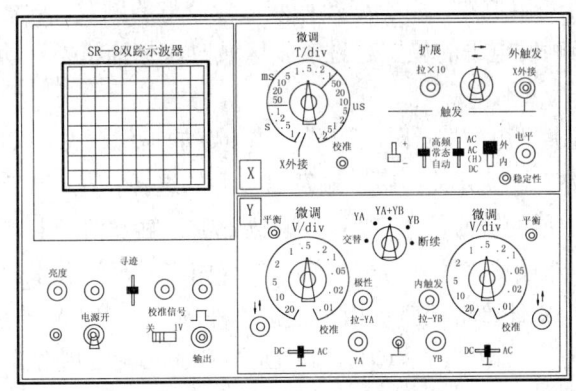

图 1.1.8　SR-8 双踪示波器面板图

② Y 轴输入耦合开关：有三个位置。置于"DC"时，能观察到包括直流分量在内的输入信号；置于"AC"时，能耦合交流分量，隔断输入信号中的直流成分；置于"⊥"时，表示输入端内部接地，这时，可检查地电位的显示位置，做测试参考用。

③ 灵敏度"V/div"微调电位器：下面的黑色旋钮是选择 Y 轴灵敏度的粗调装置，从 10mV/div～20V/div，分 11 挡；上面的红色旋钮是细调，顺时针旋至满度时为校准位置，可按粗调旋钮所指示的标称值读取被测信号的幅值。

④ "平衡"电位器：当 Y 轴放大器输入级电路出现不平衡时，显示的波形将随灵敏度"微调"转动而出现 X 轴方向的位移，调此平衡电位器，可将位移调至最小。

⑤ 移位"↑↓"电位器：用以调节波形或光点垂直位置。

⑥ "极性 拉-Y_A"开关：在 Y_A 通道系统中，设有极性转换装置，它系推拉式开关，当开关拉出时，使 Y_A 通道为倒相显示。

⑦ "内触发 拉-Y_B"开关：该推拉式开关是以选择触发源而设。其常态在"推"的位置上。扫描的触发信号取自经电子开关后 Y_A 或 Y_B 通道的输入信号，这种状态下，可分别对 Y_A 或 Y_B 做单踪显示。当开关处于"拉"的位置时，两通道的扫描信号均取自 Y_B 通道。因此，适用于双踪显示时比较两信号的相位关系。

（3）X 轴系统。

① 扫描速度开关"T/div 微调"电位器：此开关下面的黑色旋钮是用来选择扫描速度的，共分 11 挡。上面的红色旋钮是微调电位器，可小范围改变扫描速度。当顺时针方向旋转到底，并听到"喀嚓"一声开关响时，为校准位置。此时，可由黑色旋钮所指示的标称值，直接读出扫描速度值。

② "校准"电位器：当扫描速度不准时，可借助机内校准信号(1kHz 的矩形波)对扫描速度进行校准。

③ "扩展拉×10"开关：系推拉式开关。在"推"的位置是常态；在拉出时，扫描速度加速 10 倍。

④ 移位"→←"电位器：它系套轴旋钮装置，用以调节时间基线或光点的水平位置。其套轴上的小旋钮系细调装置，适用于观察经扩展后信号的位移。

⑤ 触发"电平"电位器：用于选择输入信号波形的触发点，使示波器在某一所需电平上启动扫描。当触发电平的位置越过触发区域时，扫描将不启动，屏幕上无被测波形显示。

⑥ 触发"稳定性"电位器：用以调节扫描电路的工作状态，以达到稳定的触发扫描。

⑦ "内"、"外"触发开关：用于触发信号源的选择。在"内"的位置上，扫描的触发信号取自 Y 轴通道的被测信号。"外"的位置上，触发信号取自"外触发 X 外接"输入的外部信号。外触发信号应与被测信号具有相应的时间关系。

⑧ "外触发 X 外接"插座：用于连接"外触发"或"X 外接"的输入信号。

⑨ 触发耦合方式"AC"、"AC(H)"、"DC"开关：触发耦合开关在"AC"时，触发信号中的直流分量被除去，因此，触发性能不受直流分量的影响。在"AC（H）"时触发信号经过高通滤波器耦合，来抑制低频噪声。在"DC"时，采用直接耦合，用于对变化缓慢的信号进行触发扫描。

⑩ 触发方式"高频"、"常态"、"自动"开关：当开关置于"自动"时，适于观察频率较低的信号；当开关置于"高频"时，适于观察频率较高的信号。上述两种方式，即

使没有输入信号也能见到扫描线,因此,一般用这两种方式较为方便。"常态"是使用 Y 轴或外接触发源作输入信号进行触发扫描。要比较电压之间的相位关系须用"常态"。

⑪ 触发极性"+"、"-"开关:用以选择触发信号的上升部分或下降部分来触发扫描。"+"扫描是以触发信号波形的上升部分进行触发,使扫描启动。"-"扫描是以触发信号波形的下降部分进行触发扫描。

3. SR-8 示波器的使用方法

(1) 准备工作。接通电源,把有关旋钮或开关置于表 1.1.1 所列位置,在屏上将看到一条亮线,然后调整聚焦及辅助聚焦,使亮线清晰。若找不到亮线,可按下"寻迹"按键,判别图形偏离的方向,以便寻找。

(2) 观察被测波形。将被测信号连至 Y_A 输入端,若是交流信号,则输入耦合开关置"AC"位置,触发方式置于"常态"位置,再适当调节"电平",使屏幕上显示稳定的波形,然后调节灵敏度开关"V/div"及扫速开关"T/div",使屏幕上波形高度适中,波形周期个数适中。

若需同时观察两个波形,可将两个被测信号分别送至示波器的 Y_A 及 Y_B 输入端,此时的"内触发 拉-Y_B"按键应放在拉出位置,显示方式开关应放在"交替"或"断续"位置,其他旋钮位置同上。

(3) 电参数的测量。用示波器测量电压、时间、频率等各种电参数的方法见 1.2 节。

表 1.1.1 SR-8 示波器使用时有关旋钮的初始位置

开关、旋钮名称	位置
显示方式	Y_A
极性 拉-Y_A	常态(按)
DC-⊥-AC	⊥
内触发 拉-Y_B	常态(按)
触发方式	"自动"或"高频"
Y 轴移位	居中
X 轴移位	居中
辉度	适当

1.1.3 SR-071A 型双踪示波器及其应用

1. 用途和特点

SR-071A 型双踪示波器是高灵敏度的通用小型示波器,它具有 DC~7MHz 的带宽,并具有 X-Y 显示功能。机内还有 1kHz,0.2V、2V 的方波校准信号,以满足在定量测试时校准偏转灵敏度和扫速之用。它与 SR-8 示波器相仿,可双踪显示波形,并采用触发扫描方式。

2. SR-071A 示波器面板各控制旋钮及作用

SR-071A 双踪示波器前面板图如图 1.1.9 所示。

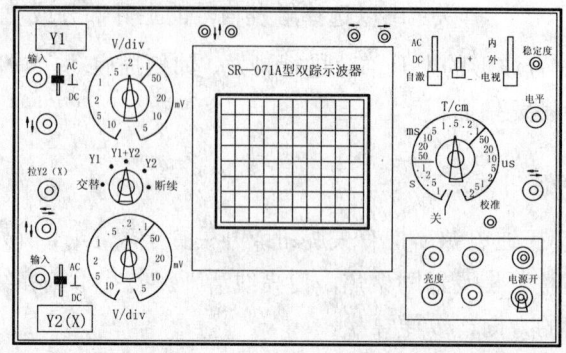

图 1.1.9　SR-071A 示波器面板图

（1）辉度调节：顺时针方向转动，辉度加亮，反之减弱，直至消失。若光点长时间停留在荧光屏上，应将辉度减弱，以延长示波管的使用寿命。

（2）聚焦调节：用以调整示波管的电子束焦距，使其恰好聚于屏幕上，此时呈现的光点为小圆点。

（3）辅助聚焦：使控制光点在有效工作面内任何位置都能保持良好聚焦，通常与聚焦旋钮配合调节。

（4）Y_1 移位：顺时针旋转光点向上移动。反之，向下移动。

（5）"Y_1 V/cm" Y_1 通道的灵敏度选择开关：自 5～10V/cm，分 11 个挡级，可按被测信号的幅度选择最适当的挡级，以利观测。

（6）"DC-⊥-AC" Y 轴输入选择开关："AC" 为交流输入；当信号频率低于 10Hz 或要测量信号的直流分量时，应置 "DC"；在 "⊥" 位置时，放大器的输入端被接地。

（7）显示方式开关：用以选择 Y_1 和 Y_2 通道的工作方式。分别置于 "交替"、"断续" 两个位置时，可同时观察两个波形。"交替" 适合于观察高频信号；"断续" 适合于观察低频信号；置 "Y_1"、"Y_2" 位置时，可分别观察 Y_1 通道信号或 Y_2 通道信号。置 "Y_1+Y_2" 位置时，显示两信号的代数和，当 Y_2 极性开关置于 "-" 的位置时，两信号相减。

（8）Y_2 通道的移位：在 X-Y 显示时，用做 X 轴方向移位。

（9）"Y_2 V/cm" Y_2 通道的灵敏度选择开关：在 X-Y 工作时，此开关用于 X 轴的灵敏度选择开关。

（10）"拉 Y_2(X)"：拉出时，本仪器用做 X-Y 显示器，Y_2 作为 X 轴通道，Y_1 作为 Y 轴通道，扫描自动停止工作。

（11）"内—外—电视" 触发信号的耦合开关：在 "内" 和 "电视" 位置，触发信号来自内触发放大器，在 "外" 的位置，触发信号取自外触发输入连接器。当置于 "电视" 时，触发信号中的场同步信号启动扫描电路。

（12）"+、-" 触发信号的极性开关：在 "+" 的位置，信号前沿触发扫描电路；在 "-" 的位置，由后沿触发扫描电路。

（13）"AC-DC-自激"：用以选择触发电路工作方式。在"AC"位置时，触发信号经交流耦合至触发电路，产生触发扫描；当信号频率低于10Hz时，应将此开关置于"DC"位置。在"自激"状态时，扫描电路自激扫描。

（14）"稳定度"：调整触发灵敏度。

（15）"电平"：调整触发信号的触发点。

（16）"T/cm"扫描速度开关：系套轴旋钮装置，可调整光点的扫描速度，共分21挡。套轴上的小旋钮为扫描微调装置，当顺时针旋到底时，为"校准"位置，此时，T/cm开关的指示值被校准。

另外，在示波器两侧面板上还有几个控制旋钮。

右侧面板部分：

（17）"校准信号输出插孔"：输出0.2V、2V的1kHz方波，用以校准仪器的偏转灵敏度和扫描速度。

（18）"扫速校正"：用以校准扫描速率，使其符合T/cm开关的指示值。

（19）"外触发输入"：外触发信号输入连接器。

左侧面板部分：

（20）"极性开关"：用以转换Y_2通道信号的极性。

3. 使用方法

接通电源，把有关旋钮和开关置于表1.1.2所列位置。荧光屏上应显示一条扫描基线，调整"辉度调节"、"聚焦调节"、"辅助聚焦"旋钮使基线清晰，再将本机0.2V的校准信号连至Y_1输入端，输入选择置"AC"位置，触发方式置"AC"位置，调节电平，使屏上显示4cm方波，且水平方向每2cm为一个周期。若能达到上述要求，表示仪器工作正常。其他使用方法，参考SR-8双踪示波器使用说明。

表1.1.2　SR-071示波器使用时有关旋钮的初始位置

开关、旋钮名称	位置
显示方式	Y_1
↑↓	居中
拉Y_2（X）	按
AC-⊥-DC	⊥
触发源	内
触发方式	自激
触发极性	＋
X轴移位	居中
V/cm	0.05V
T/cm	0.5ms

1.1.4 EM1643型函数发生器及其应用

EM1643是便携式大功率函数发生器,能产生正弦波、方波、三角波、脉冲波、锯齿波等波形。频率范围宽,最高可达5MHz。具有直流电平调节、占空比调节、VCF功能,具有TTL电平、单次脉冲输出。频率显示有度盘、数字显示和频率计显示,外测频时可作10MHz频率计使用。具有优良的幅频特性,方波上升时间<50ns。是模拟实验和数字实验通用的信号源。

1. 工作原理简介

EM1643函数发生器的原理框图如图1.1.10所示,在电压控制器G_1的作用下,正、负两个恒流源交替对电容器C充电、放电,由于两恒流源的电流相等,因此电容上的电压变化波形就是一对称的三角波。经一电压比较器后,得到和三角波频率相等的方波。将三角波信号经过一组由二极管管阵组成的正弦波整形器,利用二极管的非线性将三角波转换成正弦波。然后将信号送由高速运算放大器组成的主放大器A放大、输出。

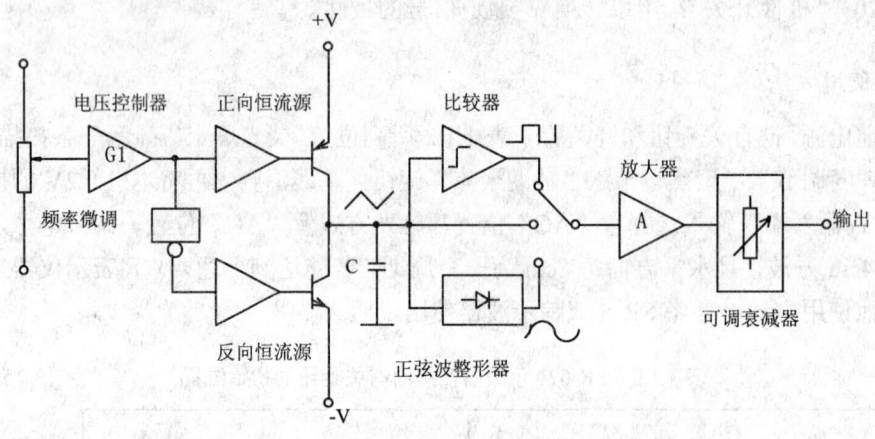

图1.1.10 EM1643函数发生器的原理框图

当拉出PAMP/PULSE开关时,充电电流减至1/10,输出信号的频率降至1/10,调节占空比旋钮时,充电和放电电流不再相等,这样就得到了锯齿波或脉冲波信号。由于此时充电电流和放电电流的总值保持不变,所以在整个占空比调节过程中输出信号的频率基本不变。

主放大器电路由单端输入双端输出差动放大器、共基放大器、射极跟随器组成,具有很宽的频率范围,确保输出信号在0.2Hz~2MHz范围内输出幅度一致,同时放大器中引入了深度负反馈,使电路具有良好的稳定性。

TTL电平输出电路由74LS00组成,输出信号前沿<25ns,能同时驱动32个门电路。
单次脉冲电路由单稳态电路和倒相驱动电路组成,按一次开关输出一个正向单脉冲。

2. 面板说明

面板图如图 1.1.11 所示。

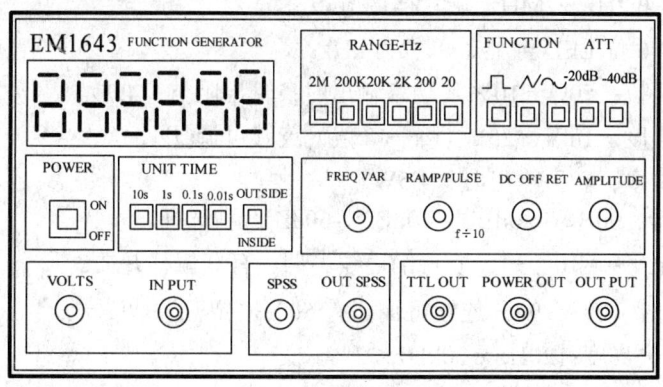

图 1.1.11 函数发生器面板图

（1）电源开关(ON / OFF)：按入开。

（2）功能开关(FUNCTION)：波形选择。

∽：正弦波。

⊓：方波和脉冲波(占空比可变)。

∧：三角波和锯齿波(占空比可变)。

（3）频率微调 FREQ VAR：频率覆盖范围 10 倍。

（4）频率选择分挡开关(RANGE-Hz)：10Hz～2MHz，分六挡选择，输出频率最低可达 0.2Hz。

（5）衰减器(ATT)：开关按入时衰减。20dB、40dB，同时按入为 60dB。

（6）幅度(AMPLITUDE)：幅度可调。当开关拉出时，功率输出插座(POWER OUT)有输出。

（7）直流偏移调节(DC OFF SET)：当开关拉出时，直流电平为-10～+10V 连续可调。当开关按入时，直流电平为零。

（8）占空比调节(RAMP / PULSE)：当开关按入时，占空比为 50%。当开关拉出时，占空比在 10%～90% 内连续可调，频率为指示值÷10。

（9）输出(OUT PUT)：波形输出端，功率输出(POWER OUT)幅度调节开关拉出时有输出。

（10）TTL 电平(TTL OUT)：只有 TTL 电平输出端输出，幅度 3.5V。

（11）单脉冲 SPSS：按一次输出一个约 20ms 的正脉冲，幅度 3.5V。

（12）FREQ 测频选择：按入(OUT SIDE)为外测频，推出(IN SIDE)为内测频。

（13）UNIT TIME：外测频间隔时间选择，4 挡。

（14）IN PUT：外测频时外信号输入端。

3. 技术性能指标

（1）输出波形：正弦波、方波、三角波、脉冲波、锯齿波、单脉冲。
（2）频率：0.2Hz～2MHz，六挡调节。
（3）显示：6 位 LED 数显、单位为 kHz。
（4）输出阻抗：50Ω±10%（功率输出时：输出阻抗：4Ω）。
（5）输出幅度：1mV～25V（峰—峰值）连续可调(开路)。
（6）输出功率：功率输出时≥4.5W。
（7）衰减器：0dB、-20dB、-40dB、-60dB 四种选择。
（8）直流电平：-10～+10V(开路)连续可调，有 0 偏移开关。
（9）占空比：10%～90%连续可调，有 50%固定开关。
（10）正弦失真度：20Hz～20kHz<2%。
（11）上升时间：<50ns。
（12）TTL 电平：>3V(开路)，T_r<20ns 可接 20 个 TTL 负载。
（13）手动单脉冲输出：脉冲宽度<20ms。

4. 使用方法

（1）将仪器接入 AC 电源，按下电源开关。
（2）按下所需选择波形的功能开关。
（3）当需要脉冲波和锯齿波时，拉出并转动占空比 RAMP / PULSE 开关，调节占空比，其他状态时关掉。
（4）当需小于 1V（峰—峰值）信号时，按入衰减器。
（5）调节幅度至需要的输出幅度。
（6）调节直流电平偏移至需要设置的电平值，即在交变信号叠加直流分量，当和占空比调节开关同时使用时，可得到正、负脉冲波和正负锯齿波。其他状态时关掉，直流电平为零。
（7）当需要 TTL 信号时，从脉冲输出端输出，此电平将不随功能开关改变。
（8）当需要单脉冲信号时，按 SPSS 按键，按一次从 OUT SPSS 输出一个约 20ms 的正脉冲。
（9）当需要外测频时，将被测信号输入本机 IN PUT 端口，按入 FREQ 键，根据外测频率选择合适的闸门时间，注意最高位不得大于 1。如信号幅度较小，调节触发电平(VOLTS)旋钮，获得稳定显示。
（10）当需要功率输出时，将幅度调节开关拉出，这时功率输出插座有信号输出，输出阻抗为 4Ω，其余功能的调节与电压输出相同。将开关推入时，功率输出插座无输出。

1.1.5 SX2172 型晶体管交流毫伏表及其应用

SX2172 型晶体管交流毫伏表的功能是测量正弦电压的有效值。它具有输入阻抗高、测量频率范围宽、灵敏度高等特点。

1. 原理方框图与面板图

原理方框图如 1.1.12 所示。

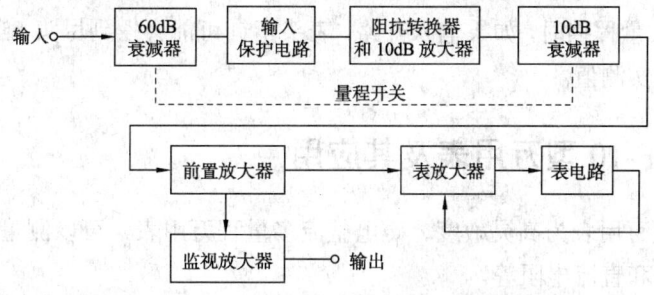

图 1.1.12　SX2172 型毫伏表原理方框图

面板图如图 1.1.13 所示。

2. 技术参数

（1）交流电压测量范围：100μV～300V，共分 12 挡量程（见图 1.1.13）

（2）测量频率范围：5Hz～2MHz。

（3）测量误差：小于满刻度的±2%。

（4）输入电阻：1～300mV，8MΩ±10%；1～300V，10MΩ±10%。

（5）输入电容：1～300mV，小于 50pF；1～300V，小于 35pF。

（6）最大输入电压：AC 峰值＋DC＝400V。

（7）输出电压：在任一挡量程上，指针指示满刻度"1.0"位置时，输出电压为 1V。

（8）输出电阻：600Ω±20%。

（9）工作温度范围：0～40℃。

（10）电源：220V±10%，50±2Hz，2.5VA。

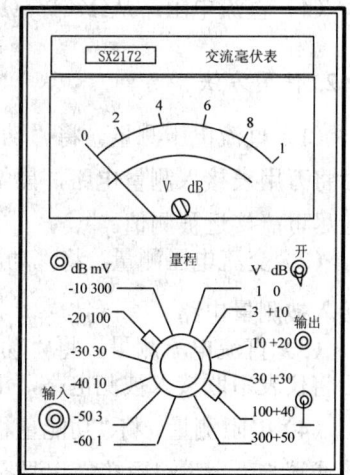

图 1.1.13　SX2172 型毫伏表面板图

3. 使用方法

（1）使用时不用调零。量程选择本着先大后小的原则，把量程旋钮调到所需的量程上。

（2）由于毫伏表灵敏度很高，使用时，表头很容易大幅度过量程摆动。故在测量时，量程应从大逐渐减小，不要超量程使用。输入电压幅度不要超过技术规范中规定的幅度。每次换测试点或暂时不用输出开路时，应将量程置于大量程挡。

（3）输入应使用屏蔽线，其地端(黑色夹子)应与被测电路的地端相连，以避免地线干扰。

（4）在使用毫伏级量程时，应先接上地端，然后接输入端子。测量完毕拆线时，应先断开不接地的输入端子，然后再拆除地线，以免当人手触及输入端子时，使表头发生冲击性的大偏转。同时，测量线应尽可能短，以减小外界感应引起的测量误差。

（5）在低量程挡时，如果输入开路，表头指针可能会摆到尽头，当接入测试电路时，会自动返回到实测值。

1.1.6 MF-10型万用表及其应用

MF-10型万用表为高灵敏度、磁电整流多量程万用表，可以测量直流电压、电流及中频交流电压和直流电阻等。

1. 主要技术特性

（1）直流电压：从0.5～500V，分8挡。其中，0.5V挡即为10μA挡。

（2）交流电压：从10～500V，分4挡。

（3）直流电流：从10μA～1A，分6挡。

（4）直流电阻：从Ω×1～Ω×100k，分6挡。

2. 使用方法

（1）直流电压测量。将"功能量程"选择开关置于直流电压"V"的相应位置上，然后将万用表接入测量电路，黑笔接电位较低的一端，红笔接电位较高的一端。量程选择应尽可能接近被测值。

（2）交流电压测量。将"功能量程"选择开关置于"$\underset{\sim}{V}$"的相应位置上，然后将仪表接入被测量电路。

（3）直流电流测量。将"功能量程"选择开关置于直流电流"A"的相应位置上，然后将仪表串联接入被测电路，电流方向必须符合在端钮上标注的极性。

（4）电阻测量。将"功能量程"选择开关置于电阻"Ω"的相应位置上，将标注"Ω"的接线端与"－"端短接，并调零点，使仪表指针指示在0Ω位置上。然后再去测量被测电阻。为了使测试结果尽量准确，欧姆刻度应尽可能使用中间一段。

测量电路中的电阻阻值时，应将被测电路的电源断开，如果电路中有电容，应将其放电后才能测量，切勿在电路带电情况下测量电阻。

Ω×1、Ω×10、Ω×100、Ω×1k、Ω×10k五个量程用1.5V电池，Ω×100k专用15V层叠电池。

3. 使用注意事项

（1）仪表在测试时，不能旋转开关旋钮，特别是高电压和大电流时，严禁带电转换量程。

（2）当被测量不能确定其大约数值时，应将量程选择开关旋至最大量程的位置上，然后再选择合适的量程，使指针得到最大偏转。

（3）仪表在每次用毕时，最好将范围选择开关旋在交直流电压的 500V 位置上，切勿放在电阻位置上。

1.1.7 DT890 型数字万用表及其应用

DT890 型数字万用表，是 $3\frac{1}{2}$ 位手持数字万用表，它可用来测量直流电压/电流，交流电压/电流、电阻、电容、二极管、三极管和频率等。

DT890 型数字万用表具有按键式电源开关、LCD 显示、过量程显示"1"、DC 量程自动显示极性、全量程过载保护、自动回零电容测试等特点。

1. 面板图

面板图如图 1.1.14 所示。

2. 主要技术特性

（1）直流电压 DCV：从 0.2～1000V，分 5 挡。
（2）交流电压 ACV：从 0.2～700V，分 5 挡。
（3）直流电流 DCA：从 2mA～10A，分 4 挡。
（4）交流电流 ACA：从 2mA～10A，分 4 挡。
（5）电阻 Ω：从 200Ω～200MΩ，分 7 挡。
（6）电容 CAP：从 2000pF～200μF，分 5 挡。
（7）二极管：显示二极管正向压降的近似值。
（8）三极管 h_{fe}：显示三极管 h_{fe} 的近似值。
（9）频率 f: 2kHz、20kHz，分 2 挡。

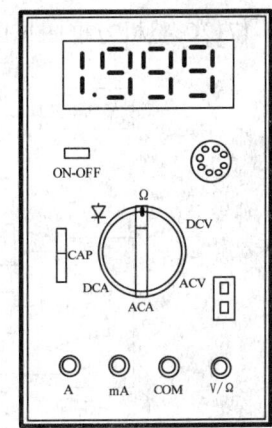

图 1.1.14 DT890 型数字万用表面板图

3. 使用方法

（1）直流（DC）和交流（AC）电压测量。将红色测试笔插入"V/Ω"插口中，黑色测试笔插入"COM"中。将"功能量程"选择开关置于 DCV 或 ACV 相应的位置上，如果被测电压超过所设定量程，显示器出现最高位的"1"，此时应将量程改高一挡，直至得到合适的读数。

（2）直流（DC）和交流（AC）电流测量。将黑色测试笔插入"COM"中，当测量最大值为 200mA 的电流时，红色测试笔插入"mA"插口中，当测量最大值为 20A 的电流时，红色测试笔插入"A"插口中。将"功能量程"选择开关置于 DCA 或 ACA 相应的位置上，并将测试笔串联接入到待测负载。

（3）电阻测量。将红色测试笔插入"V/Ω"插口中，黑色测试笔插入"COM"中，将"功能量程"选择开关置于"Ω"相应的位置上，将两测试笔跨接在被测电阻的两端，即可得到电阻值。

（4）二极管通断测试。将红色测试笔插入"V／Ω"插口中，黑色笔插入"COM"中。将"功能量程"选择开关置于"⊶⊷"位置上，将红色笔接在二极管正极上，黑笔接在二极管负极上，显示器即显示二极管的正向导通电压，单位为 mV，电流为 1mA。如测试笔接反，显示器应显示过量程状态"1"，否则，表明此二极管反向漏电大。

（5）三极管 h_{fe} 测试。将"功能量程"选择开关置于"hfe"位置上，确定 NPN 或 PNP 型，将基极、发射极和集电极分别插入面板上相应的插孔。显示器上将显示三极管 h_{fe} 的近似值。

1.1.8　HT-1712G 直流稳压电源及其应用

该电源是采用运算放大器、硅晶体管的直流稳压电源。它具有精度高、纹波小、抗干扰能力强等特点。具有独立的两路输出。

1. HT-1712G 直流稳压电源的原理方框图和面板图

HT-1712G 整机方框图见图 1.1.15，面板图如图 1.1.16 所示。

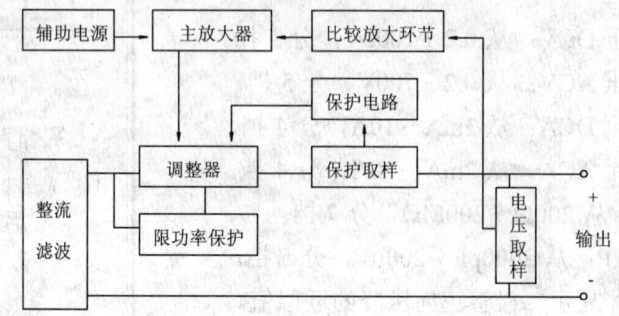

图 1.1.15　HT-1712G 直流稳压电源的原理方框图

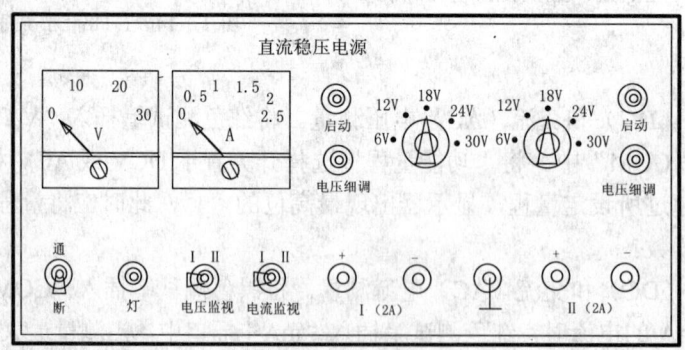

图 1.1.16　HT-1712G 直流稳压电源面板图

2. 主要技术参数

（1）输出电压：在 0～30V 内连续可调。

（2）输出电流：输出电流为 2A。

（3）电压稳定度：$1×10^{-3}$。

（4）负载稳定度：$5×10^{-3}$。

（5）纹波(峰—峰值)：＜5mV。

3. 使用方法

（1）两路电源输出共用一块电压表和一块电流表，"电压监视"和"电流监视"开关起转换监视第Ⅰ、Ⅱ路电压和电流的作用。若需监视第Ⅰ路电压、电流时，需把"电压监视"和"电流监视"开关置于Ⅰ位置；同样，若需监视第Ⅱ路电压、电流时，应把开关置于Ⅱ位置。

（2）输出电压由接线柱"+"(红色)、"-"(黑色)提供，地接线柱仅与机壳相连。各路输出电压，分别由相应的"电压粗调"和"电压细调"调节到所需的电压值。在调节某路输出电压时，应将"电压监视"和"电流监视"开关置于相应的一路上，以便监视该路的电压或电流值。

1.2 基本测量技术

电子测量技术涉及各种电量及非电量的测量，每一个物理量的测量都可以通过不同的方法来实现，这里只简要介绍电子电路的基本测量方法。

1.2.1 电子测量的基本要求

由于电子电路具有频带宽（从直流到100GHz左右）、输入阻抗高（场效应管的输入电阻可达 $10^9Ω$）、工作速度快、灵敏度高等特点，所以电子测量除了与所有电测量的基本要求一致外，还有以下要求：

1. 测量电路与选用仪器的阻抗匹配

一般电子电路测量时阻抗较高，选用的仪器输入阻抗也应较高，否则会造成明显的测量误差甚至错误。一般常用晶体管毫伏表的输入阻抗可达兆欧级，所以它是测量电子电路交流量较理想的仪器。

2. 测量电路的频率要和选用仪器的频率响应一致

被测电路和测量仪器都有频率响应，如果被测电路的频带宽度大于了仪器的带宽，就会造成较大的测量误差。如某放大器的上限截止频率大于 2MHz，要测量该放大器的高频特性，一般的晶体管毫伏表会因频率高而使其自身的输入阻抗明显降低，从而造成测量误差。这时就应用高频毫伏表或超高频毫伏表进行测量。若用示波器观察该放大器在高频区的工作波形，也必须选用频带大于2MHz的示波器，否则也将引起测量误差。

3. 应有抗干扰措施

测量仪器和被测电路都有较高的精度和灵敏度，所以对外界的干扰十分敏感。在测量过程中，指针式仪表出现指示不稳定、抖动、突跳以至仪器无法正常工作，数字式仪表出现数字不规则或乱跳等都是受到了"干扰"的结果。产生干扰的因素很多，来自外部的有电磁干扰、温度干扰、机械干扰、热干扰、光干扰等。电路内部产生的有交流声、寄生振荡、不同信号的互相感应等。为了抑制干扰，在实验及测量中要注意以下几点：

（1）电子设备应远离电台、电视台、电机、高压电网等干扰源。

（2）在安装和布线时，元器件布置不可过密；尽量减少不必要的电磁耦合；分散设置稳压电源，避免通过电源内阻引进干扰；接线时避免虚焊、接头松脱等。

（3）对以"路"的形式侵入的干扰，可采用隔离变压器、光电耦合器等方法切断和隔离干扰途径；采用滤波、选频、屏蔽等方法将干扰信号引开。对以"场"的形式侵入的干扰，可采用屏蔽将电子电路放在金属罩里，使干扰削弱。

（4）数字器件特别是 MOS 电路的输入端不可悬空，应结合电路的具体情况妥善处理。如与非门的多余输入端可通过电阻上接电源或与有用的输入端合并使用等。

（5）使用仪器应注意"共地"问题。电子电路的测量仪器大都采用单端输入、单端输出的形式，即仪器的两个测试端点是不对称的，总有一个端点与仪器外壳相连，并与电缆引线的外屏蔽线连在一起，这个端点通常用符号"⊥"表示。在测量时，应将使用的所有仪器、被测电路、信号源、电源的"⊥"连在一起，称为"共地"。这样可有效地减小外界的干扰。

1.2.2 电子测量的分类

1. 按测量的方法分类可分为

（1）直接测量。顾名思义，就是借助测量工具直接从测量工具上读出被测量的数据。例如，用电压表测量稳压电源的输出电压，用交流毫伏表测量放大器的输出电压有效值，有万用表的欧姆挡测量电阻等。

（2）间接测量。间接测量是利用直接测量的量与被测量之间的已知函数关系，计算其结果。例如，测量放大器的电压放大倍数 A_V，一般是分别测量输出电压 V_o 与输入电压 V_i 后再算出 $A_V=V_o/V_i$。这种方法常用于被测量不便于直接测量，或者间接测量的结果比直接测量更为准确的场合。

（3）组合测量。这是一种兼用直接测量和间接测量的方法，将被测量和另外几个量组成联立方程，最后通过求解联立方程来得出被测量的大小。这种方法用计算机求解比较方便。

2. 按被测量性质分类可分为

（1）时域测量。被测量以时间为函数，如电流、电压等，它们有稳态量和瞬态量。时域测量主要是指测量其瞬态过程，所以时域测量又称瞬态测量。时域测量的主要仪器是示波器。我们也经常用测量其稳态量有效值的方法来测量放大器的增益、输入阻抗、输出阻抗等。

(2) 频域测量。被测量以频率为函数，如测量放大器频率特性、相位关系等。测量时电路要处于稳态，所以又称稳态测量。

(3) 数据域测量。用逻辑分析仪对数字量进行测量。如微处理器地址线、数据线上的信号，可以用逻辑分析仪显示时序波形，也可以用"1"、"0"显示逻辑状态。

(4) 随机测量。对各种干扰信号、噪声信号的测量和利用噪声信号源等进行的动态测量。

1.2.3 直流电压的测量方法

放大器的静态工作点、数字电路的输出高低电平、电路的工作电源等都是直流电压。直流电压的测量方法比较简单。

1. 用万用表的直流电压挡测量

如果要求的测量精度较高，可使用数字万用表。测量时尽可能使电压的量程与被测的电压接近，以减小测量误差。

2. 用示波器测量

将示波器的 Y 轴输入耦合开关"DC-⊥-AC"置于"⊥"位置，并将通道灵敏度微调电位器旋至校准位置。在屏幕上选一刻度线作为 0 电压线，移动时基线，使其与 0 电压线重合。然后将输入耦合开关置"DC"，输入被测电压，记下时基线偏离 0 电压线的格数值（1 格为 1cm），按下式计算直流电压值：

$$直流电压值 = V/div \times 偏离格数值$$

式中 V/div 为示波器面板上 Y 轴灵敏度的值。时基线偏离 0 电压线上移测出的电压为正，下移测出的电压为负。

1.2.4 交流电压的测量方法

放大器的输入输出信号一般是交流信号，放大器的一些动态指标如电压增益、输入、输出电阻等也经常用加入正弦电压信号的方法进行间接测量。

1. 用交流毫伏表测量

这是最方便的一种测量交流电压的方法。测量时，应根据被测电压的大小选择合适的量程，尽量使表头上的指示值超过满刻度的三分之二，以减小测量误差。用交流毫伏表测出的是交流电压的有效值。

2. 用示波器测量

将示波器的通道灵敏度微调电位器旋至校准位置，在示波器上显示出被测信号的稳定波形，调节示波器通道灵敏度"V/div"旋钮，使屏幕上的波形高度适中，记下波形在 Y 方向所占的格数值，则交流电压的峰—峰值为：

峰—峰值电压＝V/div×Y方向所占格数值

换算成有效值为：

$$有效值电压 ＝ (峰—峰值电压)/(2\sqrt{2})$$

例如，被测信号在示波器上的显示如图 1.2.1 所示，此时示波器通道灵敏度为"0.5V/div"，波形在 Y 方向占了 4 格，则峰—峰值电压为 0.5V×4=2V，有效值电压为 $2V/2\sqrt{2} \approx 0.707V$。

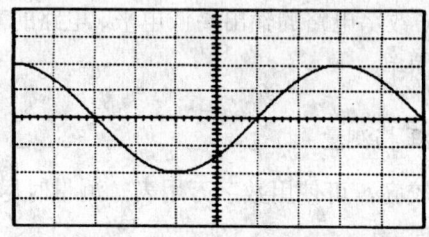

图 1.2.1　用示波器测量交流电压

注意：如果使用探头测量时，应将探头的衰减量计算在内，即要把"V/div"开关所指的读数乘以 10。

1.2.5　输入电阻的测量方法

输入电阻一般都用间接法测量。

当被测电路的输入电阻不太高时，可以采用如图 1.2.2 所示的方法进行测量。在信号发生器与放大器的输入端之间接入一已知电阻 R，用毫伏表分别测出 V_s 和 V_i 的值，则可由下式计算出输入电阻 R_i 的值：

$$R_i = \frac{V_i}{\frac{V_s - V_i}{R}} = \frac{V_i}{V_s - V_i}R$$

注意：R 的选择应与 R_i 为同一数量级，过大和过小都会使测量误差增大。

当被测电路的输入电阻比较高时，如场效应管放大器的输入电阻，由于毫伏表的内阻与放大器的内阻相当，所以用上面的方法测量误差太大，这时可采用如图 1.2.3 所示的方法进行测量。图中的 R 数值已知且与放大器输入电阻同一数量级，用毫伏表分别测出开关 K 合上和断开时的输出电压 V_{O1} 和 V_{O2}，由下式计算出输入电阻 R_i 的值：

$$R_i = \frac{V_{O2}}{V_{O1} - V_{O2}}R$$

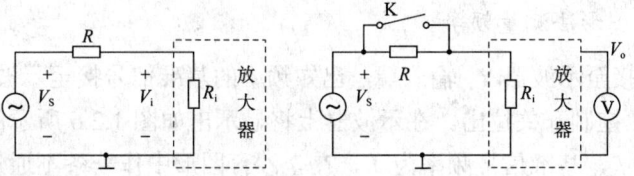

图 1.2.2 一般输入电阻的测量方法图   图 1.2.3 输入电阻较大时的测量方法

1.2.6 输出电阻的测量方法

输出电阻也用间接法测量。测量原理如图 1.2.4 电路所示，根据戴维南定理，放大器的输出端可等效为一个电压源与一内阻串联，等效电压源 V_O' 即为空载（$R_L=\infty$）时的输出电压，等效内阻 R_O 即为放大器的输出电阻。因此用毫伏表分别测出放大器空载时的输出电压 V_O' 和接入已知负载 R_L 时的输出电压 V_O，即可计算出输出电阻 R_O 的值：

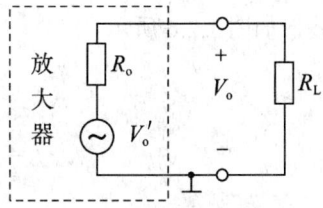

图 1.2.4 输出电阻的测量方法

$$R_O = \frac{V_O' - V_O}{I_L} = \frac{V_O' - V_O}{\frac{V_O}{R_L}} = (\frac{V_O'}{V_O} - 1)R_L$$

1.2.7 频率与周期的测量方法

1. 用示波器的时基法测量周期与频率

将示波器扫速开关"T/cm"上的微调旋钮置于"校准"位置，在示波器上显示出被测信号的稳定波形，此时，"T/cm"的指示值即为屏幕上 X 方向每格（1cm）代表的时间，再观察被测波形一个周期在屏幕 X 轴上占据的格数，即可得信号周期 T 和频率 f：

$$T = T/cm \times 格数$$
$$f = 1/T$$

例如，被测信号在示波器上的显示如图 1.2.5 所示，此时示波器扫速开关为"500us/div"，波形在 X 方向占了 3 格，则信号周期 T 为 500μs×3=1.5ms。$f=1/T=666.67$Hz。

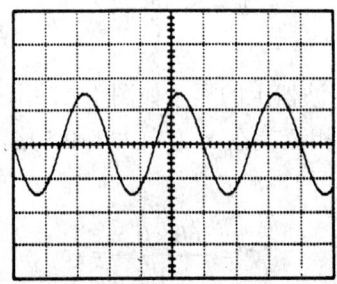

图 1.2.5 用示波器的时基法测量周期

2. 用李沙育图形法测量频率

将被测信号接至示波器 Y_1 输入端，已知频率的基准信号接至示波器 Y_2 输入端，并将"拉 Y_2（X）"控制开关拉出。在示波器上将显示出如图 1.2.6 所示的李沙育图形。设被测信号频率为 f_x，基准信号频率为 f_y，在李沙育图形中作一条不通过交点的水平线，计算其交点数 N_x，同样作一条不通过交点的垂直线，计算其交点数 N_y，则

$$f_x : f_y = N_x : N_y$$

两个信号的相位不同，也会对李沙育图形有影响，对应不同的频率比和不同的相位，其波形如图 1.2.6 所示。

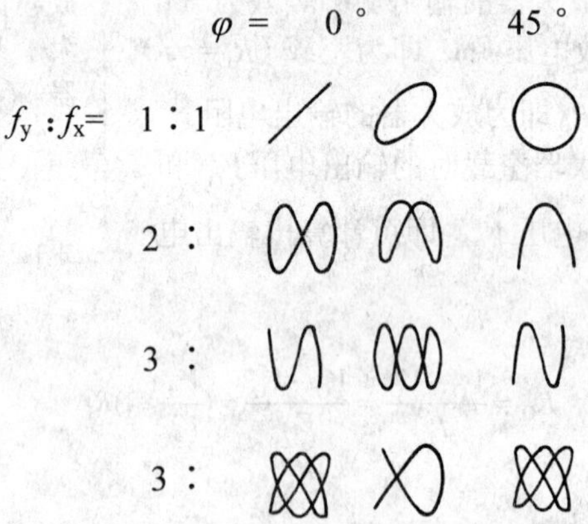

图 1.2.6 不同频率比和相位差的李沙育图形

1.2.8 相位的测量方法

1. 用示波器的时基法测量两个信号之间的相位差

将示波器的"内触发 拉-Y_B"开关拉出，并将示波器扫速开关"T/cm"上的微调旋钮置"校准"位置，在示波器上显示出两被测信号的稳定波形，测出两个波形相应点的距离在屏幕 X 轴上占据的格数 X_1 和信号一个周期在屏幕 X 轴上占据的格数 X_2，则可计算出两个信号之间的相位差

$$\varphi = \frac{360 \times X_1}{X_2}$$

例如，两信号 V_i 和 V_o 在示波器上的显示如图 1.2.7 所示，两波形的周期在 X 方向均占了 4 格，即 $X_2=4$，两波形的相位差在 X 方向占了 0.5 格，即 $X_1=0.5$，则两个信号之间的相位差

$$\varphi = \frac{360 \times 0.5}{4} = 45°$$

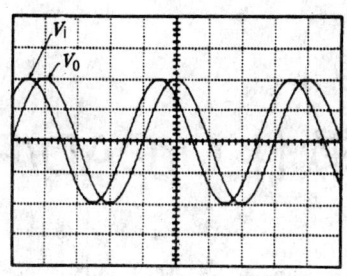

图 1.2.7　用示波器测量两个信号之间的相位差

2. 用李沙育图形法测量相位

将被测信号接至示波器 Y_1 输入端，基准信号接至示波器 Y_2 输入端，并将"拉 Y_2（X）"控制开关拉出。在示波器上显示出如图 1.2.8 所示的李沙育图形，从图中可得出 A、B 两值，A 为椭圆与纵轴相截的距离，B 为椭圆的纵向高度。由此可算出两个信号之间的相位差

$$\varphi = \sin^{-1}\left(\frac{A}{B}\right)$$

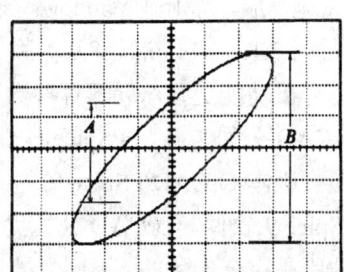

图 1.2.8　用李沙育图形法测量相位

几种典型的 φ 值的椭圆形状如图 1.2.9 所示。

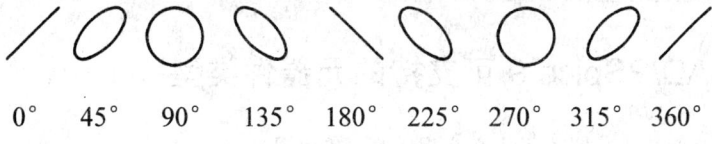

　0°　　45°　　90°　　135°　　180°　　225°　　270°　　315°　　360°

图 1.2.9　几种典型 φ 值的椭圆形状

第二章 仿真软件 OrCAD/PSpice 9 简介

2.1 概 述

2.1.1 PSpice 软件

PSpice 是一个电路通用分析程序，是 EDA 中的重要组成部分，它的主要任务是对电路进行模拟和仿真。该软件的前身是 SPICE（Simulation Program with Integrated Circuit Emphasis），由美国加州大学伯克莱分校于 1972 年研制。1975 年推出正式实用化版本 SPICE 2G，1988 年被定为美国国家标准。1984 年 Microsim 公司推出了基于 SPICE 的微机版本 PSpice（Personal-SPICE），此后各种版本的 SPICE 不断问世，功能也越来越强。进入 20 世纪 90 年代，随着计算机软件的飞速发展，特别是 Windows 操作系统的广泛流行，PSpice 又出现了可在 Windows 环境下运行的 5.1、6.1、6.2、8.0 等版本，也称为窗口版，采用图形输入方式，操作界面更加直观，分析功能更强，元器件参数库及宏模型库也更加丰富。1998 年 1 月，著名的 EDA 公司 OrCAD 公司与开发 PSpice 软件的 Microsim 公司实现了强强联合，于 1998 年 11 月推出了最新版本 OrCAD/PSpice 9。

为了迅速推广普及 OrCAD/PSpice 9 软件，OrCAD 公司提供了一张试用光盘 OrCAD/PSpice 9 Demo，它与商业版是完全一致的，不同之处只是在元器件上受到一定的限制，因此又被称为普及版。本章将以普及版为例简要介绍 OrCAD/PSpice 9 的功能及使用方法。本书中所有的虚拟实验都是用 OrCAD/PSpice 9 Demo 完成的，所引用的屏幕画面也都是出自于 OrCAD/PSpice 9 Demo 软件。

2.1.2 OrCAD/PSpice 9 可支持的元器件类型

OrCAD/PSpice 9 可模拟以下 6 类常用的电路元器件：
- 基本无源元件，如电阻、电容、电感、传输线等。
- 常用的半导体器件，如二极管、双极晶体管、结型场效应管、MOS 管等。
- 独立电压源和独立电流源。
- 各种受控电压源、受控电流源和受控开关。
- 基本数字电路单元，如门电路、传输门、触发器、可编程逻辑阵列等。
- 常用单元电路，如运算放大器、555 定时器等。在这里集成电路可作为一个单元电路整体出现在电路中，而不必考虑该单元电路的内部结构。

表 2.1.1 列出了 OrCAD/PSpice 9 可支持的元器件类别及其字母代号。特别注意表中的

字母代号是 OrCAD/PSpice 9 为不同类别的元器件所规定的代号，在画电路图时元器件编号的第一个字母必须按表中规定，否则出错。

2.1.3 OrCAD/PSpice 9 可分析的电路特性

OrCAD/PSpice 9 可分析的电路特性有 6 类 15 种：
- 直流分析，包括静态工作点（Bias Point Detail）、直流灵敏度（DC Sensitivity）、直流传输特性（TF：Transfer Function）、直流特性扫描（DC Sweep）分析。
- 交流分析，包括频率特性（AC Sweep）、噪声特性（Noise）分析。
- 瞬态分析，包括瞬态响应分析（Transient Analysis）、傅里叶分析（Fourier Analysis）。
- 参数扫描，包括温度特性分析（Temperature Analysis）、参数扫描分析（Parametric Analysis）。
- 统计分析，包括蒙托卡诺分析（MC：Monte Carlo）、最坏情况分析（WC：Worst Case）。
- 逻辑模拟，包括逻辑模拟（Digital Simulation）、数/模混合模拟（Mixed A/D Simulation）、最坏情况时序分析（Worst-Case timing Analysis）。

表 2.1.1　OrCAD/PSpice 9 可支持的元器件类别及其字母代号（按字母顺序）

字母代号	元器件类别	字母代号	元器件类别
B	CaAs 场效应晶体管	N	数字输入
C	电容	O	数字输出
D	二极管	Q	双极晶体管
E	压控电压源	R	电阻
F	流控电流源	S	电压控制开关
G	压控电流源	T	传输线
H	流控电压源	U	数字电路单元
I	独立电流源	USTIM	数字电路激励信号源
J	结型场效应管（JFET）	V	独立电压源
K	互感（磁芯）、传输线耦合	W	电流控制开关
L	电感	X	单元子电路调用
M	M7OS 场效应管（MOSFET）	Z	绝缘栅双极晶体管（IGBT）

2.1.4 OrCAD/PSpice 9 的配套软件

OrCAD 是一个软件包，进行电路模拟分析的核心软件是 PSpice A/D，为使模拟工作做得更快更好，OrCAD 软件包中还提供了以下 5 个配套软件与之相配合。

1. 电路图生成软件（Capture）

其主要功能是以人机交互方式在屏幕上绘制电路图，设置电路中元器件的参数，生成多种格式要求的电连接网表。在该程序中可直接运行 PSpice 及其他配套软件。

2. 激励信号编辑软件（StmEd: Stimulus Editor）

其主要功能是以人机交互方式生成电路模拟中需要的各激励信号源。包括瞬态分析中需要的脉冲、分段线性、调幅正弦、调频、指数等 5 种信号波形和逻辑模拟中需要的时钟、脉冲、总线等各种信号。

3. 模型参数提取软件（ModelEd: Model Editor）

其主要功能是提取来自厂家的器件的数据信息，生成 PSpice 模拟时所需要的模型参数。因为尽管 PSpice A/D 的模型库中提供了一万多种元器件和单元集成电路的模型参数，但在实际应用中仍有用户需采用未包括在模型参数库中的元器件，这时 ModelEd 软件就显得至关重要。

4. 波形显示和分析模块（Probe）

其主要功能是将 PSpice 的分析结果用图形显示出来。不仅能显示电压、电流这些基本电路参量的波形，还可显示由基本参量组成的任意表达式的波形，所以有"示波器"之称。该模块还能对模拟结果进行再加工，以提取更多的信息。

5. 优化程序（Optimizer）

其主要功能是自动调整元器件的参数设计值，使电路的特性得到改善，实现电路的优化设计。

2.1.5 OrCAD/PSpice 9 中的单位和数字

PSpice 中采用的是实用工程单位制，如电压用伏（V）、电流用安培（A）、电阻用欧姆（Ω）、功率用瓦特（W）等。在运行中，PSpice 会根据具体对象自动确定其单位。用户在输入数据时，代表单位的字母可以省去。例如，给电压源赋值时，键入 12 和 12V 意思一样。

PSpice 中的数字采用科学表示方式，即可以使用整数、小数和以 10 为底的指数。用指数表示时，底数 10 用字母 E 来表示。对于比较大或比较小的数字，还可采用 10 种比例因子，如表 2.1.2 所示。

例如，1000、1E3 和 1K 都表示同一个数。

特别注意：（1）比例因子可用大写也可用小写，含义是一样的，如 m 和 M 都表示 10^{-3}。而国标规定，m 表示 10^{-3}，M 表示 10^6，我们通常的习惯也是这样。为了防止混淆，在该软件中用 MEG 表示 10^{+6}。这一点在使用时应特别小心，稍一疏忽就会出错。

（2）比例因子只能用英文字母，如 10^{-6} 用 U 或 u 表示，而国标规定 10^{-6} 用 μ 表示。这一点在使用时也应注意，如电容容量 $C=1\times10^{-6}F$，应写成 C=1u（或 1U）。

表 2.1.2　OrCAD/PSpice 9 中采用的比例因子

符号	比例因子	国家标准	符号	比例因子	国家标准
F	10^{-15}	f	M	10^{-3}	m
P	10^{-12}	p	K	10^{+3}	k
N	10^{-9}	n	MEG	10^{+6}	M
U	10^{-6}	μ	G	10^{+9}	G
MIL	25.4×10^{-6}		T	10^{+12}	T

2.2　用 Capture 绘制电路图

进行电路模拟分析的第一步是在屏幕上画出电路图，这个任务是由 Capture 软件完成的。用 Capture 画一张新电路图一般要经过 7 个步骤：调用 Capture 软件、新建设计项目、配置元器件符号库、取放元器件、取放电源与接地符号、连线与设置节点名、元器件属性参数编辑。

2.2.1　调用 Capture 软件

在计算机上选择命令集：程序/OrCAD Demo/Capture CIS Demo，点击后就会在屏幕上出现 Capture 启动窗口，如图 2.2.1。

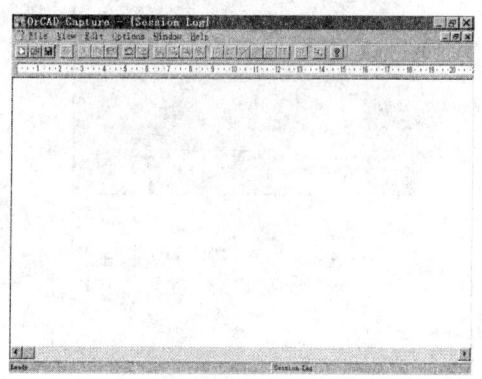

图 2.2.1　Capture 启动窗口

2.2.2　新建设计项目

在 OrCAD 软件包中，每一个设计或分析任务都被当作一个项目，由项目管理器（Project Manager）统一管理。因此每开始一个新的任务就等于新建一个设计项目，要调用项目管理器为新建项目起个名，并确定有关的设置。具体操作如下：

在图 2.2.1 Capture 启动窗口下选择 File/New/Project，如图 2.2.2 所示。

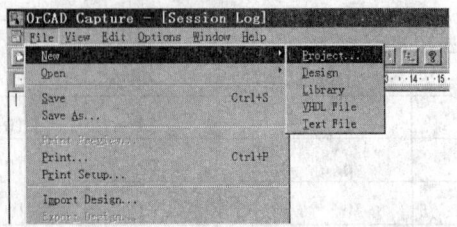

图 2.2.2　新建设计项目

点击之。屏幕上将出现如图 2.2.3 所示的 New Project 对话框。在这个对话框中进行如下设置：

（1）给设计项目起名。在 Name 栏中键入项目名，例如，我们为将要分析的基本放大器起名为 Amp。

（2）选定设计项目类型。图 2.2.3 中有 4 个选项可供选择。如只对绘制的电路进行 PSpice 分析，应选 "Analog or Mixed-Signal Circuit"，我们就选此项。如电路图要用于印制电路版设计，则应选 "PC Board Wizard" 或 "Programmable Logic Wizard"。如只绘制电路不进行任何分析，则应选 "Schematic"。

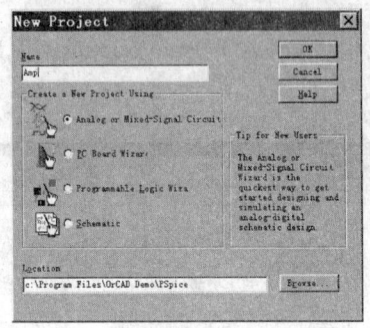

图 2.2.3　New Project 对话框

2.2.3　配置元器件符号库

在 New Project 对话框完成新建项目设置后，点击 OK，屏幕上将出现如图 2.2.4 所示的元器件符号库设置框。在这里为你将要画的电路选择元器件符号库。

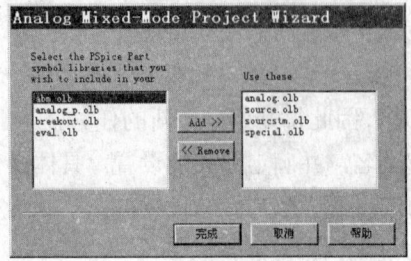

图 2.2.4　元器件符号库设置框

设置框左端列出了 PSpice 软件中提供的元器件库清单，右端是为新建项目配置的元器件库文件。你所画电路需要哪个库文件，就在左框中选中，点击 Add 按钮，即将该库文件增至右框。反之，从右框选中一个库文件，点击 Remove 按钮，即将该库文件从右框剔除。如果你对每个库文件中都存放着哪些元器件不清楚的话，不妨将它们全部选进右框，或者直接按"完成"按钮，自动选入。

2.2.4 取放元器件

完成元器件符号库配置后，点击"完成"按钮，屏幕上将出现如图 2.2.5 所示的电路图编辑窗口（Page Editor）。

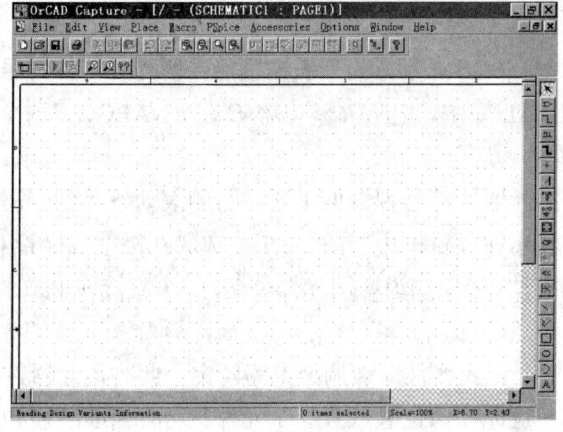

图 2.2.5 电路图编辑窗口

现在就可以画图了。例如，画一张基本放大电路，如图 2.2.6 所示。取放元器件的方法如下：

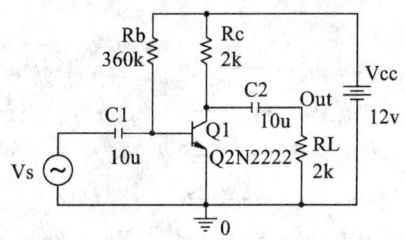

图 2.2.6 基本放大电路图

（1）在电路图编辑窗口下，启动 Place/Part 命令，或按窗口右侧对应的绘图工具快捷键，幕上出现元器件符号选择框，如图 2.2.7 所示。

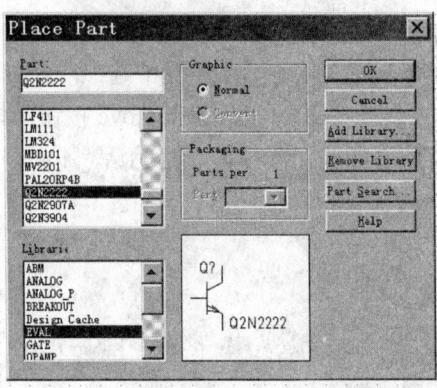

图 2.2.7　元器件符号选择框

(2) 在图 2.2.7 中 Libraries 下方的列表框里点击所需元器件符号所在的符号库名。如三极管 Q2N2222 在 EVAL 库中，电阻 R 和电容 C 在 ANALOG 库中，直流电压源 VDC 和正弦源在 SOURCE 库中。

(3) 在图 2.2.7 的元器件符号列表框中通过右侧滚动条找到所需元器件符号名，点击之，该符号的图形即显示在预览框中。图 2.2.7 是选取双极型三极管 Q2N2222 的情况。也可用另一种取元件的方法：如果知道所用元器件名称，可直接在 Part 栏中键入元器件名称，如 Q2N2222。

(4) 点击 OK 键，该元器件即被调至电路图中。此时该元器件随光标移动，移至合适位置时，点击鼠标左键即在该位置放置一个元件。这时如继续移动光标还可在其他位置继续放置元件。

(5) 点击鼠标右键，屏幕上将出现如图 2.2.8 所示的快捷菜单，选择其中的 End Mode 命令即可结束放置元器件的工作。快捷菜单中各项命令的功能见图 2.2.8，使用这些命令将使元器件放置与布图变得更方便。

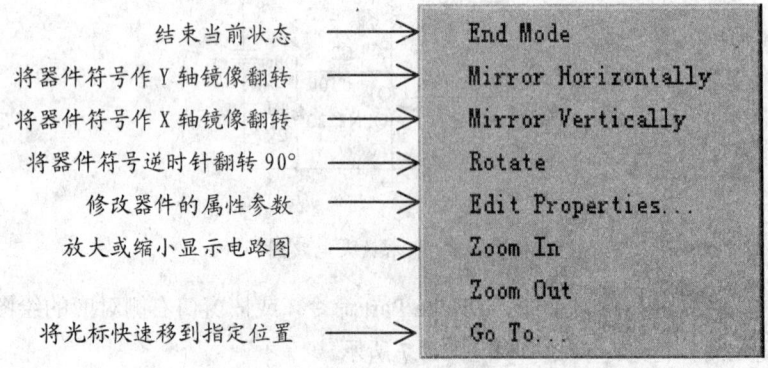

图 2.2.8　画元器件的快捷菜单

(6) 如果想删除一个元件，可用鼠标选中该元件，然后点击菜单命令 Cut 即可删除，也可用键盘上的 Delete 键删除。

2.2.5 取放电源与接地符号

1. 取放电源符号

同取放元器件一样，在 SOURCE 库中取电压源或电流源。

2. 取放接地符号

启动 Place/Groud，或按对应的绘图快捷键，出现如图 2.2.9 所示的选择框。在 SOURCE 库中取 "0" 符号。

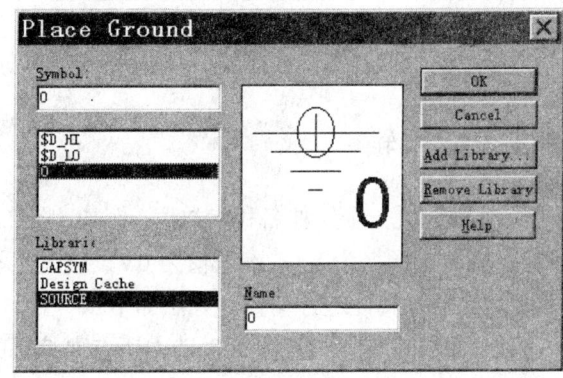

图 2.2.9 取放接地符号

2.2.6 连线与设置节点名

1. 连接线路

从符号库取出的元器件，每个引线端都有个小方块供连线用。连线时启动 Place/Wire 命令，或按对应的绘图快捷键，光标就会变成十字状，将光标移至要连接元件的端点，按鼠标左键，再移动光标，即可拉出一条线，当到达所要连接电路的另一端点时，再按鼠标左键，便完成了一段走线。此时光标仍是活动的，可继续连线。要想结束连线，可按鼠标右键，在调出的快捷菜单中点击 End Wire 命令。

2. 设置节点名

Capture 自动为每个节点设置一个以字母 N 开头，后面紧跟数字的节点名。如有特殊需要，可自行设置节点名。例如在图 2.2.6 电路中，想把输出端的节点起名为 Out。步骤如下：

（1）启动 Place/Net Alias 命令，或按对应的绘图快捷键，屏幕上出现如图 2.2.10 所示的设置框。在 Alias 文本框中键入节点名（如 Out）。

（2）按 OK 键，则光标处附着一个小方框，将光标移至设置节点名的位置，按鼠标左键，新节点名即出现在该位置。

（3）按鼠标右键，在调出的快捷菜单中点击 End Mode 命令，结束节点名设置。

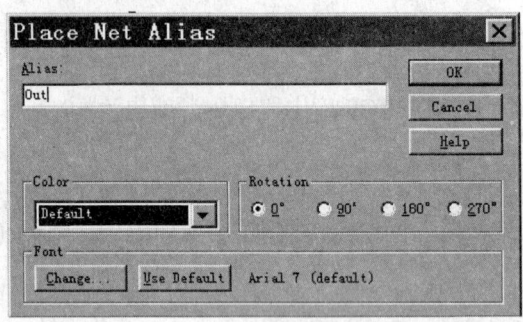

图 2.2.10　节点名设置框

2.2.7　元器件属性参数编辑

Capture 自动为每个元器件设置一个元件名和参数值，例如，图 2.2.6 电路中的集电极电阻名为 R1，阻值为 1k，直流电源名为 V1，参数值为 0V，这显然不符合我们的要求。因此，在画完电路后，要对元器件属性进行编辑。方法如下：

在图 2.2.6 电路中，按住鼠标左键，拖动鼠标，选中所有要编辑的元器件。然后点击鼠标右键，调出如图 2.2.8 所示的的快捷菜单，选择执行 Edit Properties 命令，即可开启该元器件群的属性编辑对话框，点击屏幕左下方的 Part 按钮，便可更改各元器件的名称和参数，如图 2.2.11 所示。

New... | Apply | isplay... | elete Propert | Filter < All >

		Part Refer	Referen	Value	ID	DC	PSpiceOn	VOFF	VAMPL	FREQ	AC	TD	DF	PHASE
1	SCHEMATI	C1	C1	10u										
2	SCHEMATIC	C2	C2	10u										
3	SCHEMATIC	Q1	Q1	Q2N2222										
4	SCHEMATIC	RL	RL	2k										
5	SCHEMATIC	Rb	Rb	360k										
6	SCHEMATIC	Rc	Rc	2k										
7	SCHEMATIC	Vcc	Vcc	VDC		12	TRUE							
8	SCHEMATIC	Vs	Vs	VSIN			TRUE	0	5mv	1k	10mv	0	0	0

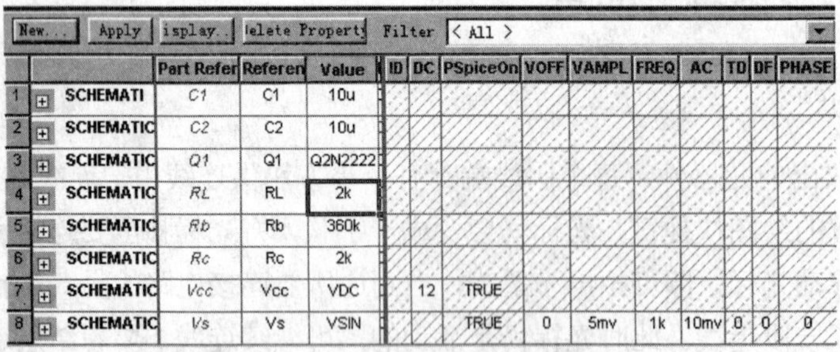

图 2.2.11　属性编辑对话框

注意：（1）元器件名的第一个字母必须遵守表 2.1.1 的规定。

（2）像 Vs（正弦源）这样的信号源参数较多，一定要将 Filter 项设置为 All 才能全部看到。

（3）该编辑对话框在 Filter 项设置为 All 的情况下内容很多、很长，一屏盛不下，可用下方的滚动条搜寻。图 2.2.11 是经过压缩处理的，只保留了与本例有关的内容。

如果只修改某个元件的一项参数，例如修改图 2.2.6 中的集电极电阻的阻值。则选中待修改的电阻值 1k（注意不是选中整个电阻符号），双击之，即出现如图 2.2.12 所示的对话框。在 Value 文本框中键入新值 2k 即可。同时可以修改该电阻值在电路图中的显示格式（Display Format）、字体（Font）、颜色（Color）和放置位置（Rotation）等。修改完后按 OK 按钮。

图 2.2.12 属性值修改对话框

至此，电路图就画完了，注意存盘。

2.2.8 绘图快捷工具按钮

为了使绘图更加方便快捷，可使用 Page Editor 窗口右侧竖排的 20 个快捷按钮。它们是专用的 Page Editor 绘图工具。除了第一个按钮用于选中电路单元以外，其余 19 个按钮分别对应于 Place 主命令菜单下的 19 条子命令。图 2.2.13 示出了 20 个快捷按钮、按钮的功能及与 Place 子命令的对应关系（下端标注的是该按钮的功能，上端标注的是与 Place 子命令的对应关系）。

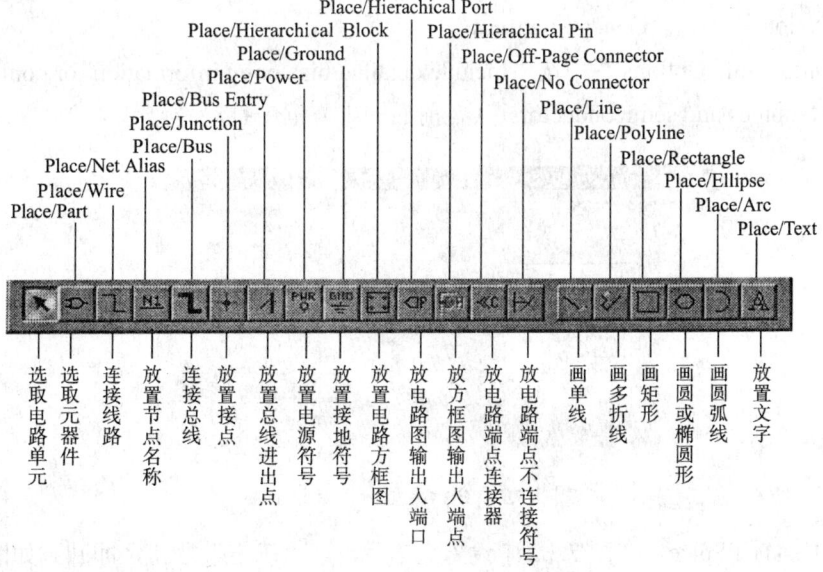

图 2.2.13 绘图快捷按钮

2.3 用 PSpice 分析电路

在绘制完电路图以后就可以调用 PSpice 对电路进行模拟分析了。下面按照电路特性分类来简要介绍具体操作方法。

2.3.1 静态工作点分析

静态工作点分析就是将电路中的电容开路，电感短路，对各个信号源取其直流电平值，计算电路的直流偏置量。

例：基本放大电路如图 2.2.6 所示，求该电路的静态工作点。步骤如下：

（1）用 Capture 软件画好电路图。

（2）建立模拟类型分组。建立模拟类型分组的目的是为了便于管理。OrCAD/PSpice 9 将基本直流分析、直流扫描分析、交流分析和瞬态分析规定为 4 种基本分析类型。每一个模拟类型分组中只能包含其中的一种，但可以同时包括温度分析、参数扫描和蒙托卡诺分析等。

在如图 2.2.5 所示的电路图编辑窗口（Page Editor）下，点击 PSpice/New Simulation Profile 命令，屏幕上出现如图 2.3.1 所示的模拟类型分组对话框。

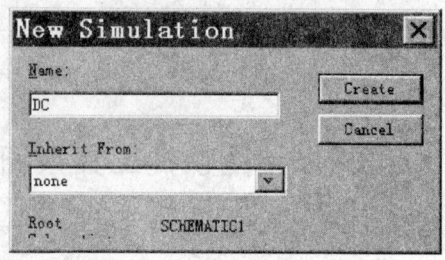

在 Name 栏键入模拟类型组的名称，本例取名为 DC。

图 2.3.1 模拟类型分组对话框

（3）设置分析类型和参数。完成模拟类型分组后，点击 Create 按钮，出现如图 2.3.2 所示的分析类型和参数设置框。

在 Analysis type 栏中选 "Bias Point"。

在 Option 栏中选 "General Settings"。

在 Output File Options 栏中选 "Include detailed bias point information for nonlinear controlled sources and semiconductors"（在前面的小方框中打对号）。

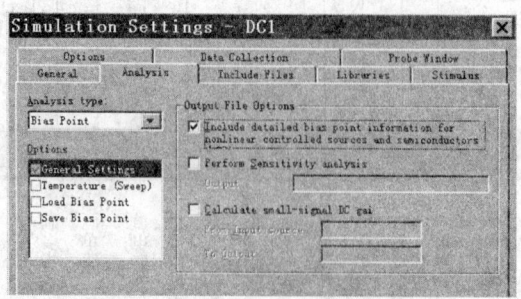

图 2.3.2 分析类型和参数设置框

（4）运行 PSpice。在图 2.3.2 中设置完毕后，点 "确定" 按钮，即回到如图 2.2.5 所示的电路图编辑状态。启动 PSpice/Run 命令，软件开始分析计算。

（5）查看分析结果。分析计算结束后，系统自动调用 Probe 模块，屏幕上出现如图

2.3.3所示的Probe窗口。选择View/Output File命令，即可看到本例的文本输出文件DC.out。文件中包括电路信息描述、有源器件模型参数值、电路各节点静态电压值、有源器件静态参数值等。移动滚动条即可看到你关心的内容。图2.3.4所示是输出文件中三极管Q1的静态参数值。

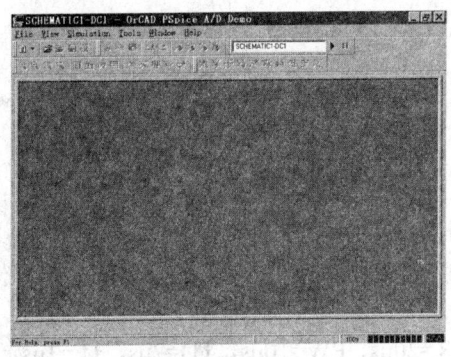

```
**** BIPOLAR JUNCTION TRANSISTORS

NAME        Q_Q1
MODEL       Q2N2222
IB          3.15E-05
IC          2.74E-03
VBE         6.70E-01
VBC         -5.85E+00
VCE         6.52E+00
BETADC      8.71E+01
```

图2.3.3　Probe窗口　　　　　　图2.3.4　输出文件DC.out

从中可以看出：基极电流 I_B=31.5μA

集电极电流 I_C=2.74mA

基射极电压 V_{BE}=0.67V

集射极电压 V_{CE}=6.52V

2.3.2　瞬态分析

瞬态分析又称TRAN分析，就是求电路的时域响应。它可在给定输入激励信号情况下，计算电路输出端的瞬态响应，也可在没有激励信号但有贮能元件（如C和L）的情况下，求振荡波形。

1. 用于瞬态分析的5种激励信号源

（1）脉冲源（PULSE）。

在画电路图取放元器件（如图2.2.7）时，选取脉冲源符号VPULSE或（IPULSE），按下鼠标右键点选Edit Properties命令，出现如图2.3.5所示的该元器件参数编辑栏，共有7个参数需要设置，表2.3.1列出了这些参数的含义及单位。

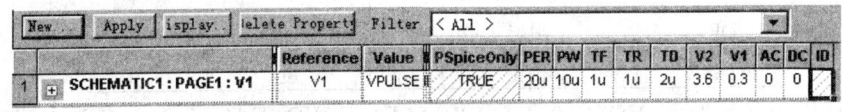

图2.3.5　脉冲源参数编辑栏

表 2.3.1　脉冲源的参数

参　数	名　称	单　位	内定值
V1	起始电压	V	
V2	脉冲电压	V	
PER	脉冲周期	s	TSTOP
PW	脉冲宽度	s	TSTOP
TD	延迟时间	s	0
TF	下降时间	s	TSTEP
TR	上升时间	s	TSTEP

注：表中 TSTOP 是瞬态分析中分析结束时间参数的设置值，TSTEP 是时间步长的设置值。下同。

例如，设定参数如下：V1=0.3V，V2=3.6V，PER=20us，PW=10us，TD=2us，TF=1us，TR=1us。可得如图 2.3.6 所示的脉冲波形。

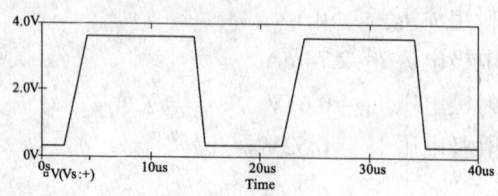

图 2.3.6　脉冲源波形

（2）正弦源（SIN）。

在画电路图时，选取正弦源符号 VSIN，操作同上。共有 6 个参数需要设置，表 2.3.2 列出了这些参数的含义及单位。

表 2.3.2　正弦源的参数

参　数	名　称	单　位	内定值
VOFF	直流偏置电压	V	
VAMPL	振幅	V	
FREP	频率	Hz	1/TSTOP
TD	延迟时间	s	0
DF	阻尼系数	1/s	0
PHASE	相位延迟	度	0

例如，设定参数如下：VOFF=0，VAMPL=5MV，FREQ=1kHz，TD=0，DF=0，PHASE=0。可得如图 2.3.7 所示的正弦波形。

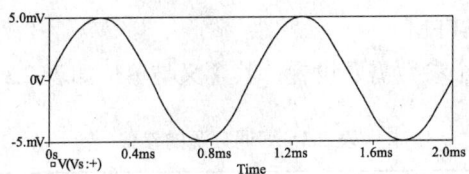

图 2.3.7　正弦源波形

（3）指数源（EXP）。

操作同上。共有 6 个参数需要设置，其含义与单位如表 2.3.3 所示。

表 2.3.3　指数源的参数

参　数	名　　称	单　位	内定值
V1	初始值	V	
V2	脉动值	V	
TD1	上升延迟时间	s	0
TC1	上升时间常数	s	TSTEP
TD2	下降延迟时间	s	TD1+TSTEP
TC2	下降时间常数	s	TSTEP

例如，设定参数如下：V1=1V，V2=5V，TD1=0.1s，TC1=0.3s，TD2=2s，TC2=0.2s，可得如图 2.3.8 所示的指数波形。

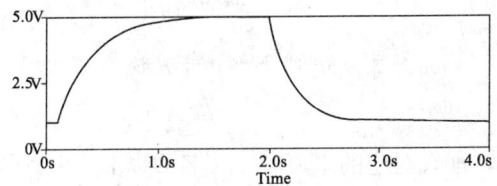

图 2.3.8　指数源波形

（4）分段线性源（PWL）

操作同上。分段线性信号波形由几条线段组成，所以在参数设置时，只需给出线段转折点的坐标值即可。最多允许给出 10 对坐标值。

这是一个很有实用价值的信号源，它可以把任意的信号用微小的直线段去逼近，从而得到任意信号源。例如设定参数如下：T1=0s，V1=0V；T2=1s，V2=5V；T3=2s，V3=0V。可得如图 2.3.9 所示的三角波信号。

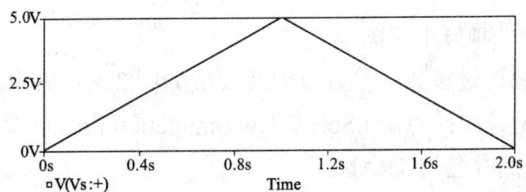

图 2.3.9　分段线性源波形（三角波信号）

（5）调频信号源（SFFM）

操作同上。共有 5 个参数需要设置，其含义与单位如表 2.3.4 所示。

表 2.3.4 调频源的参数

参　数	名　　称	单　位	内定值
VOFF	偏置电压	V	
VAMPL	峰值振幅	V	
FC	载频	Hz	1/TSTOP
FM	调制频率	Hz	1/TSTOP
MOD	调制因子		0

例如，设定参数如下：VOFF=2V，VAMPL=1V，FC=8Hz，FM=1Hz，MOD=4。可得如图 2.3.10 所示的调频信号波形。

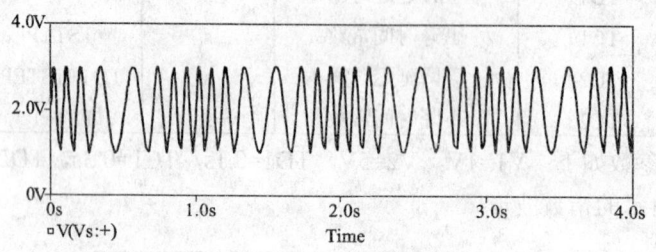

图 2.3.10 调频信号波形

注意：

① 以上 5 种信号源，都有对应的电流源，其名称以 I 开头。参数名称将 V 改为 I，单位由伏特变为安培。

② 以上 5 种信号源在设置参数时，都可同时设置直流（DC）值和交流（AC）值，以便同时进行直流（DC）分析和交流（AC）分析。

③ 激励信号源参数设置可用如图 2.2.11 所示的元器件属性编辑的方法与其他元器件的参数一同编辑，也可用上述方法单独设置。

2. 瞬态分析举例

例：基本放大电路如图 2.2.6 所示，输入端加一正弦信号，求其输出端的瞬态响应。

步骤如下：

（1）用 Capture 软件画好电路图。

（2）为正弦信号源设置参数：参数设置及波形如图 2.3.7 所示。

（3）建立模拟类型分组：点击 PSpice/New Simulation Profile 命令，在 Name 栏键入模拟类型组的名称，本例取名为 TRAN。

(4) 设置分析类型和参数：完成模拟类型分组后，点击 Create 按钮，出现如图 2.3.11 所示的分析类型和参数设置框。

在 Analysis type 栏中选 "Time Domain (Transient)"。

在 Option 栏中选 "General Settings"。

在 Run to 栏中填入 "2ms"。意思是瞬态分析的终止时间为 2ms。

在 Start saving data 栏中填入 "0"。意思是瞬态分析的起始时间为 0。

在 Maximum Step 栏中填入 "40us"。意思是瞬态分析的时间步长为 40μs。

设置完后按"确定"键。

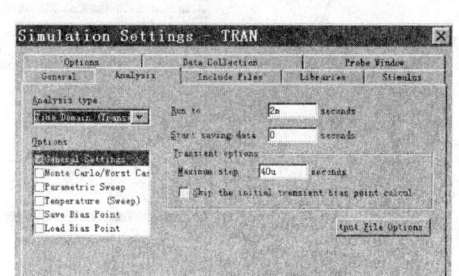

图 2.3.11 瞬态分析参数设置

(5) 运行 PSpice。执行 PSpice/Run 命令。

(6) 查看分析结果。分析计算结束后，系统自动调用 Probe 模块，屏幕上出现如图 2.3.12 所示的 Probe 窗口。

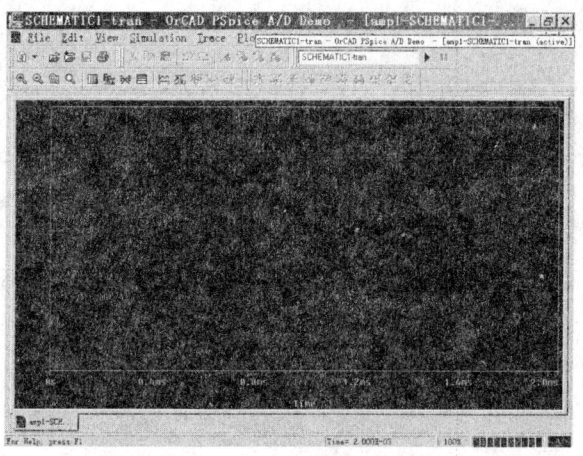

图 2.3.12 瞬态分析的 Probe 窗口

在 Probe 窗口中，执行 Trace/Add Trace 命令，出现如图 2.3.13 所示的 Add Trace 对话框。可用以下两种方法选择要显示的变量名：

① 在对话框左边的输出变量列表中用光标点中要显示的变量名，该变量名即出现在下端的 "Trace Expression" 文本框中，允许同时点选多个输出变量。

② 在 "Trace Expression" 文本框中键入要显示的变量名。然后点 OK 按钮，选中的变量波形就显示在屏幕上。

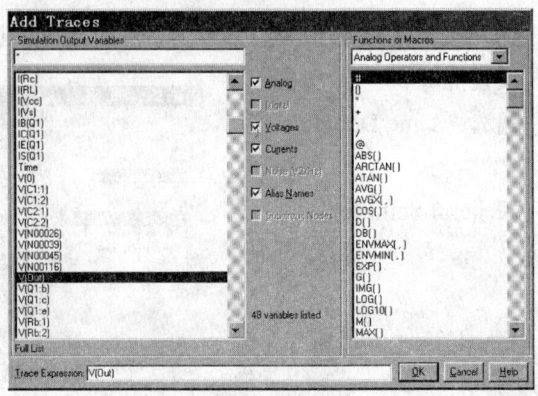

图 2.3.13　Add Trace 对话框

本例想同时观看输出输入波形，但两者电压幅度相差悬殊，在同一坐标中显示显然是不合适的，可采用添加波形显示区的方法：

① 在 Add Trace 对话框中，选择 V（Out），点 OK 按钮，显示出输出端的波形。

② 执行 Plot/Add Plot to Window 命令，屏幕上添加一个空白的波形显示区。

③ 再执行 Trace/Add Trace 命令，在 Add Trace 对话框选择 V（Vs:+），点 OK 按钮，在新加的波形显示区显示出输入信号 Vs 的波形，如图 2.3.14 所示。

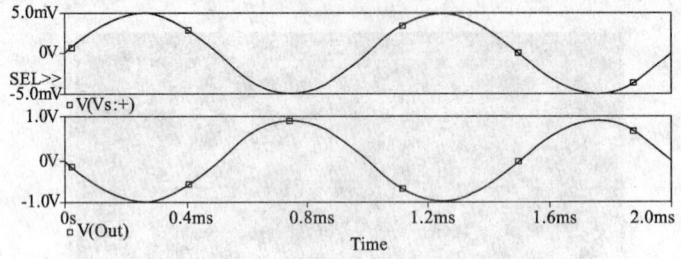

图 2.3.14　基本放大器瞬态分析结果

2.3.3　傅里叶分析

傅里叶分析就是在瞬态分析完成后，计算输出波形的直流、基波和各次谐波分量。因此傅里叶分析应在瞬态分析后进行。

例：基本放大电路如图 2.2.6 所示，对该电路进行傅里叶分析。

（1）用 Capture 软件画好电路图。

（2）在如图 2.3.11 所示的分析类型和参数设置框中设置好瞬态分析的参数后，点击 Out File Options 按钮，屏幕上出现如图 2.3.15 所示的设置框。

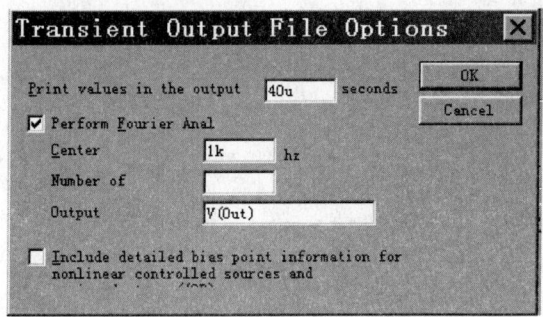

图 2.3.15 傅里叶分析参数设置

在 Print values in the output 栏中填入"40us"。

选中 Perform Fourier Anal（在小方块中打对号）。

在 Center 栏中填入"1k"，意思是基波频率为 1kHz。

在 Number of 栏中应填入要求计算的谐波次数，缺省值为 9，即从直流分量基波一直分析到 9 次谐波。

在 Output 栏中填入"V（Out）"。

设置完后按 OK 键。

（3）运行 PSpice。

（4）查看分析结果。在 Probe 窗口中，点选 View/Output File 命令，可看到傅里叶分析结果如图 2.3.16 所示。

```
FOURIER COMPONENTS OF TRANSIENT RESPONSE V(OUT)

DC COMPONENT =  -1.178467E-02

HARMONIC  FREQUENCY   FOURIER     NORMALIZED   PHASE       NORMALIZED
NO         (HZ)       COMPONENT   COMPONENT    (DEG)       PHASE (DEG)

    1     1.000E+03   9.307E-01   1.000E+00   -1.788E+02   0.000E+00
    2     2.000E+03   3.593E-02   3.860E-02    9.352E+01   2.723E+02
    3     3.000E+03   3.656E-04   3.928E-04    1.180E+01   1.906E+02
    4     4.000E+03   2.214E-04   2.379E-04    1.769E+02   3.557E+02
    5     5.000E+03   1.667E-04   1.791E-04    1.751E+02   3.539E+02
    6     6.000E+03   1.468E-04   1.578E-04    1.742E+02   3.530E+02
    7     7.000E+03   1.367E-04   1.468E-04    1.725E+02   3.513E+02
    8     8.000E+03   1.215E-04   1.305E-04    1.725E+02   3.512E+02
    9     9.000E+03   1.065E-04   1.144E-04    1.748E+02   3.536E+02

TOTAL HARMONIC DISTORTION =    3.860422E+00 PERCENT
```

图 2.3.16 傅里叶分析结果

2.3.4 直流分析

直流分析又称 DC 分析，就是当电路中某一参数在一定范围内变化时求电路的直流偏置特性。可以利用这一分析作出电路的传输特性曲线、晶体管的输入输出特性曲线等。值得注意的是，DC 分析只能用于分析直耦电路，不能分析阻容耦合电路。

例:差动放大电路如图 2.3.17 所示,设三极管 Q1、Q2 的 $\beta=50$,画出电路的电压传输特性曲线。

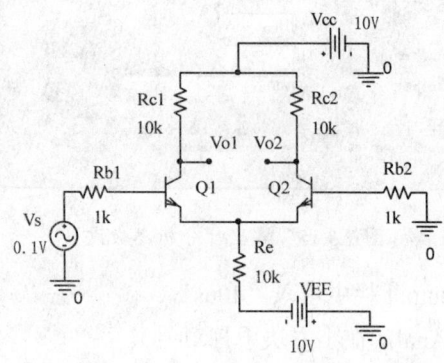

图 2.3.17 差动放大电路

(1)用 Capture 软件画好电路图。
(2)用 2.4.1 节介绍的方法将三极管设置为 $\beta=50$。
(3)设置分析类型和参数:点选 PSpice/New Simulation Profile 命令,在 Name 栏键入模拟类型组的名称(如 DC),点击 Create 按钮,出现图 2.3.18 所示的参数设置框。

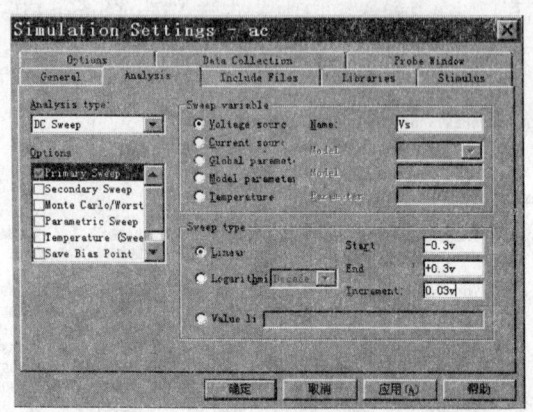

图 2.3.18 参数设置框

在 Analysis type 栏中选"DC Sweep";在 Option 栏中选"Primary Sweep"。

在 Sweep variable 栏中选"Voltage source",在 Name 栏中填入"Vs"。意思以电压源 Vs 作为变量。

在 Sweep type 栏中选"Linear"。在 Start 栏中填入"-0.3",在 End 栏中填入"+0.3V",在 Increment 栏中填入"0.03V"。意思是 Vs 从-0.3V~+0.3V 作线性变化,步长为 0.03V。设置完后按"确定"键。

(4)运行 PSpice。执行 PSpice/Run 命令。
(5)查看分析结果:在 Probe 窗口中,执行 Trace/Add Trace 命令,在 Add Trace 对话框中,用光标依次点中 V(Vo1)和 V(Vo2),再点 OK 按钮,即显示该电路电压传输特性曲线，如图 2.3.19 所示。

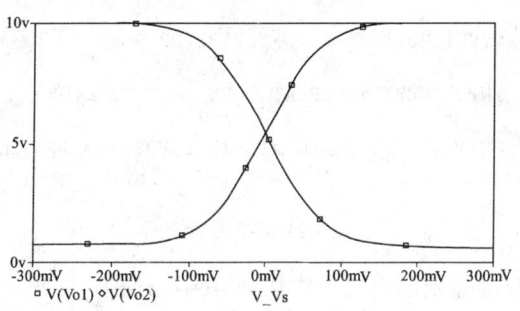

图 2.3.19 直流分析结果

2.3.5 直流传输特性分析

直流传输特性分析又称 TF 分析，就是计算电路的直流小信号增益、输入电阻和输出电阻。用它来求解放大器的电压放大倍数、输入电阻和输出电阻是最方便的。但是该功能属于直流分析范畴，分析时将电路中的电容开路、电感短路。所以只能用于分析直耦电路，不能分析阻容耦合电路。

例：差动放大电路如图 2.3.17 所示，设三极管 Q_1、Q_2 的 $\beta=50$，求电路的电压放大倍数、输入电阻和输出电阻。

（1）用 Capture 软件画好电路图。

（2）设置分析类型和参数：在如图 2.3.20 所示的参数设置框中设置参数如下：

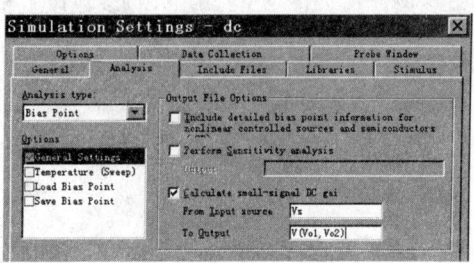

图 2.3.20 TF 分析参数设置

在 Analysis type 栏中选 "Bias Point"；在 Option 栏中选 "General Settings"。

在 Output File Options 栏中选 "Calculate small-signal DC gail"。

在 From Input source 栏中填入 "Vs"，在 To Output 栏中填入 "V（Vo1，Vo2）"，意思是求传递函数（Vo1-Vo2）/Vs 及从 Vs 端看进去的输入电阻和从 Vo1、Vo2 端看进去的输出电阻。设置完后按 "确定" 键。

（3）运行 PSpice。

（4）查看分析结果：在 Probe 窗口中，选择 View/Output File 命令，移动滚动条即可得到如图 2.3.21 所示的计算结果。

```
****    SMALL-SIGNAL CHARACTERISTICS

        V(V01,V02)/V_VS = -1.213E+02

        INPUT RESISTANCE AT V_VS =  7.328E+03

        OUTPUT RESISTANCE AT V(V01,V02) =  1.891E+04
```

图 2.3.21 TF 分析结果

从中可以看出：双端输出的电压放大倍数 A_V=-121.3

输入电阻 R_i=7.33kΩ

双端输出的输出电阻 R_o=18.9kΩ

2.3.6 交流分析

交流分析又称 AC 分析，就是求电路的频域响应。当输入信号的频率变化时，它能够计算出电路的幅频响应和相频响应。

作交流分析时，信号源应用交流源 VAC 或 IAC。也可以用 2.3.2 节中介绍的 5 种激励源，但必须在设置参数时为其交流参数 AC 项赋值。注意不能用正弦源。

1. 交流分析举例

例：差动放大电路如图 2.3.17 所示，设三极管 Q_1、Q_2 的 β=50，分析电路的频率特性。

（1）用 Capture 软件画好电路图。信号源 Vs 选交流电压源 VAC，幅值为 0.1V。

（2）设置分析类型和参数。在如图 2.3.22 所示的参数设置框中设置参数如下：

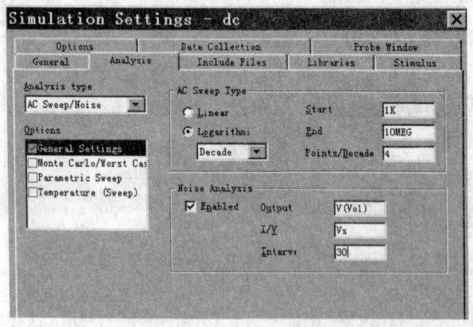

图 2.3.22 AC 分析参数设置

在 Analysis type 栏中选 "AC Sweep/Noise"。

在 Option 栏中选 "General Settings"。

在 AC Sweep Type 栏中选 "Logarithmi：Decade"。 意思是以 10 倍频方式扫描。

在 Start 栏中填入 "1k"。

在 End 栏中填入 "10MEG"。

在 Points/Decade 栏中填入"4"。

意思是频率从 1kHz 变化到 10MHz，每 10 倍频间隔计算 4 个点。

Noise Analysis 栏是做噪声分析用的，这里可以不选。设置完后按"确定"键。

（3）运行 PSpice。

（4）查看分析结果。在 Probe 窗口中，执行 Trace/Add Trace 命令，在 Add Trace 对话框中，用光标点中 V（Vo1），再点 OK 按钮，即显示单端输出 Vo1 的频率特性曲线。在下端的"Trace Expression"文本框中键入 V（Vo1，Vo2），再点 OK 按钮，即显示双端输出的频率特性曲线。

（5）查看双端输出时电压增益的波特图。

① 在 Probe 窗口中，执行 Trace/Add Trace 命令，在"Trace Expression"文本框中键入 VDB（V（Vo1，Vo2）/V（Vs：+）），即显示出电压增益的幅频特性曲线。

② 点选 Trace/Add Y Axis，增加一个纵轴。

③ 在"Trace Expression"文本框中键入 VP（V（Vo1，Vo2））/V（Vs：+）），即显示出电压增益的相频特性曲线，如图 2.3.23 所示。

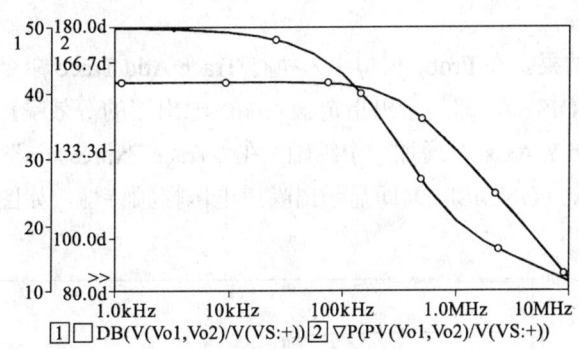

图 2.3.23 电压增益的波特图

2. 交流分析中的输出变量名

作交流分析时，输出变量名除了可用基本格式外，还可在基本格式中的关键字 V 或 I 后面加一标示符，以表示输出量类型。表 2.3.5 示出了 5 种标示符及含义。

表 2.3.5 交流分析中的变量名标示符

标示符	含 义	示 例
M	输出变量的振幅	VM（Out）：节点 Out 与地之间的交流电压振幅
DB	输出变量的振幅分贝数	VDB（Out）：节点 Out 与地之间的交流电压振幅分贝值
P	输出变量的相位	VP（Out1，Out2）：节点 Out1 与节点 Out2 之间的交流相位
R	输出变量的实部	VR（Q1：C）：晶体管 Q1 集电极的交流电压实部
I	输出变量的虚部	VI（Q1：C）：晶体管 Q1 集电极的交流电压虚部

2.3.7 噪声分析

噪声分析就是计算电路中每个电阻和半导体器件所产生的噪声。因为噪声电平与频率有关，所以噪声分析是与交流分析一起进行的。分析时要选一个节点作为输出节点，选一个独立电源作等效噪声源。PSpice 程序在 AC 分析的每个频率点上，对指定输出端计算出等效输出噪声，同时对指定输入端计算出等效输入噪声。输出和输入噪声电平都对噪声带宽的平方根进行归一化。

例：差动放大电路如图 2.3.17 所示，对该电路进行噪声分析。

（1）设置分析类型和参数：在如图 2.3.22 所示的参数设置框中添加如下设置：

在 Noise Analysis 栏中选中"Enabled"。

在 Output 栏中填入"V（Vo1）"。

在 I/V 栏中填入"Vs"。

在 Interv 栏中填入"30"。

意思是以 Vo1 作为输出节点，以 Vs 作为等效噪声源，每隔 30 个频率点输出一份噪声资料。设置完后按"确定"键。

（2）运行 PSpice。

（3）查看分析结果。在 Probe 窗口中，执行 Trace/Add Trace 命令，用光标点选 V（INOISE）、V（ONOISE），即显示出指定输入端、输出端的等效噪声电压与频率的关系曲线。点选 Trace/Add Y Axis，增加一个纵轴。在"Trace Expression"文本框中键 DB（V（INOISE））、DB（V（ONOISE））即显示出噪声电压幅频特性，如图 2.3.24 所示。

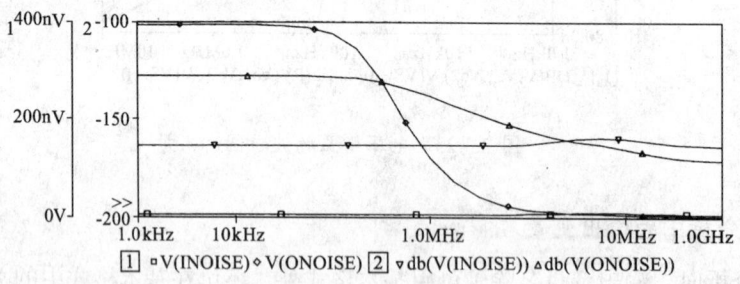

图 2.3.24 噪声分析结果

2.3.8 参数扫描分析

参数扫描分析就是当电路中某个参数在一定的范围变化时，对指定的每个参数值进行一次基本分析。每一种基本分析如 DC 分析、AC 分析、TRAN 分析都可与参数扫描分析配合使用。它在电路优化方面有着重要作用。

例：基本放大电路如图 2.2.6 所示，输入端加一正弦信号，分析当基极电阻 R_b 变化时，对输出波形的影响。

（1）用 Capture 软件画好电路图。对如图 2.2.6 所示的电路图作如下修改：

① 将基极电阻 R_b 设置为参数。在电路图中用鼠标左键双击 R_b 的阻值 360k，在屏上出现的"Display Properties"设置框中，将其值改为{Rval}，按 OK 按钮，电路图中的阻值即变为{Rval}（注意：其中的大括号不能少，括号中的参数名可以自己起）。

② 用参数符号设置阻值参数。启动 Place/Part 命令，从元器件符号库中调出名称为 PARAM 的符号，放置于电阻 R_b 旁的空白处。然后双击该符号，幕上出现元器件属性编辑器。按 New 按钮，出现如图 2.3.25 所示的新增属性参数对话框，在 Proprety 栏中键入 Rval 并按 OK 按钮，Rval 就成为 R_b 的阻值参数名。在如图 2.3.26 所示的元器件属性参数设置框里将新增 Rval 项设置为 360k，表示进行其他分析时，该阻值为 360k。这样设置的参数 Rval 称为全局参数（Global）。

图 2.3.25　新增属性参数对话框

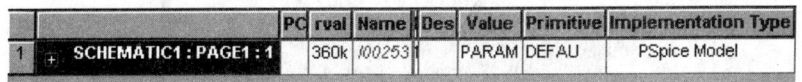

图 2.3.26　新增属性参数的设置

（2）设置分析类型和参数：在如图 2.3.11 所示的分析类型和参数设置框中设置好瞬态分析的参数后，在 Options 栏中再点选"Parametric Sweep"，出现如图 2.3.27 所示的参数分析对话框。

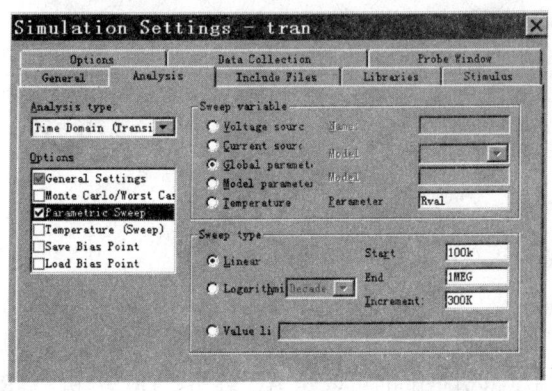

图 2.3.27　参数分析对话框

在 Sweep variable 栏中选中"Global paramete"。

在 paramete 栏中填入"Rval"。

在 Sweep type 栏中选中"Linear"。

在 Start 栏中填入"100k"。

在 End 栏中填入 "1MEG"。

在 Increment 栏中填入 "300k"。

意思是名称为 Rval 的电阻阻值从 100kΩ 变化到 1MΩ，步长为 300kΩ。

注意：在如图 2.3.27 所示的对话框里，Options 栏中的两项"General Settings" 和 "Parametric Sweep"必须全都选中（在前面的小方框中打对号）。

（3）运行 PSpice。

（4）查看分析结果。分析结束后出现如图 2.3.28 所示的多批运行结果选择框，供你选择。选 All 并按 OK 键，出现 Probe 窗口。执行 Trace/Add Trace 命令，在 Add Trace 对话框中用光标点 V（Out），然后点 OK 按钮，就显示出在电阻 R_b 取 4 个阻值时的 4 条 V（Out）曲线，如图 2.3.29 所示。

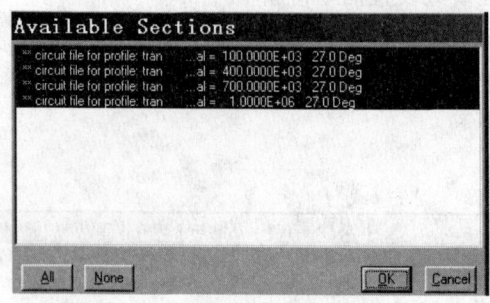

图 2.3.28　多批运行结果选择框

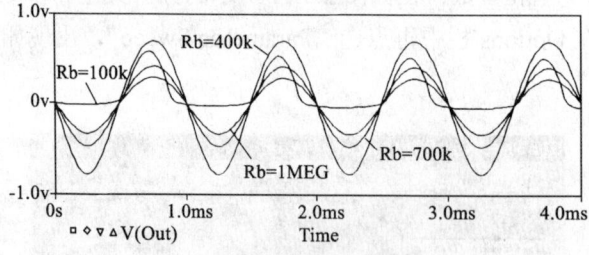

图 2.3.29　参数扫描分析结果

2.3.9　温度分析

温度分析与参数扫描分析类似，只不过可变化的参数是温度。即在温度变化时，分析电路特性的变化。与温度分析搭配的可以是 AC 分析、DC 分析、TRAN 分析等基本特性分析。

例：基本放大电路如图 3.2.6 所示，输入端加一正弦信号，分析当温度为 0℃、25℃、50℃、100℃时的输出波形。

（1）用 Capture 软件画好电路图。

（2）设置温度分析参数：在如图 2.3.11 所示的分析类型和参数设置框中设置好瞬态

分析的参数。在 Options 栏中再点选"Tempereature（Sweep）"，出现如图 2.3.30 所示的温度分析对话框。

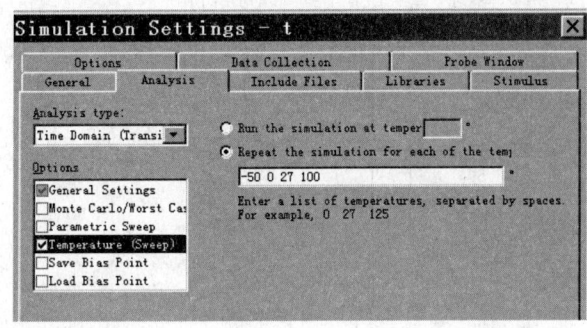

图 2.3.30 温度分析设置框

选中"Repeat the simulation for each of the temp"，并在其下方键入"-50　0　27　100"，设定温度。如只在一个温度下分析电路特性，则应选中"Run the simulation at temp"，并在其右侧键入温度值。

注意：在如图 2.3.30 所示的对话框里，Options 栏中的两项"General Settings"和"Tempereature（Sweep）"必须全都选中（在前面的小方框中打对号）。

设置完后按"确定"键。

（3）运行 PSpice。

（4）查看分析结果。分析结束后出现多批运行结果选择框，选 All 并按 OK 键，出现 Probe 窗口。执行 Trace/Add Trace 命令，在 Add Trace 对话框中用光标点 V（Out），然后点 OK 按钮，就显示出在 4 个不同温度下的 4 条 V（Out）曲线，如图 2.3.31 所示。

2.3.10 数字电路分析

数字电路的分析方法与前面介绍的模拟电路的分析方法基本相同，不同之处是输入激励信号源的类别。数字电路的分析主要用瞬态分析。

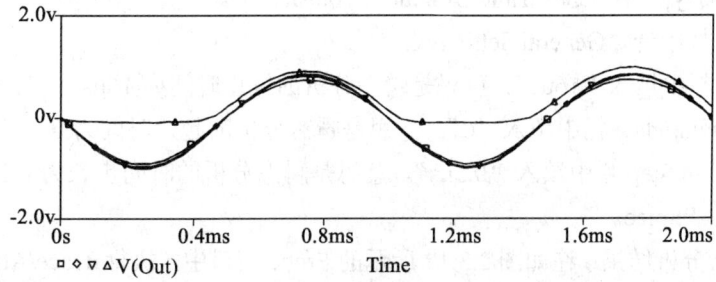

图 3.3.31 温度分析的分析结果

1. 数字电路的分析方法

例：分析如图 2.3.32 所示的组合逻辑电路。

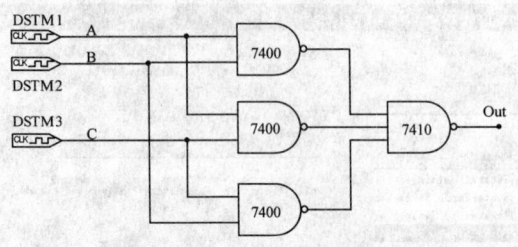

图 2.3.32　组合逻辑电路

（1）绘制电路图：进入图 2.2.5 所示的电路图编辑窗口，启动 Place/Part 命令，在 EVAL 库中调出与非门 7400 和 7410 的元器件符号。启动 Place/Wire 命令连线。并用 Place/Net Alias 命令将输入端名称设置为 A、B、C，输出端名称设置为 Out。

（2）数字输入信号源的编辑：

启动 Place/Part 命令，在 SOURCE 库中调出 DigClock 符号作输入信号 DSTM1、DSTM2 和 DSTM3。

为信号源赋值：双击 DSTM1，出现如图 2.3.33 所示的激励源编辑框。

	PSpiceOnl	IO_LE	IO_MODEL	OPPVAL	STARTU	OFFTIME	ONTIME	DELAY
SCHEMATIC1 :	TRUE	0	IO_STM	1	0	1uS	1uS	

图 2.3.33　激励源编辑框

在 OFFTIME 栏中填入"1us"，意思是在一个周期中，低电平的持续时间为 1μs。
在 ONTIME 栏中填入"1us"，意思是在一个周期中，高电平的持续时间为 1μs。
同样为 DSTM2 赋值为：OFFTIME=2us，ONTIME=2us；为 DSTM2 赋值为：OFFTIME=4us，ONTIME=4us。

（3）设置分析类型和参数：在如图 2.3.11 所示的分析类型和参数设置框中设置如下：
在 Analysis type 栏中选"Time Domain（Transient）"。
在 Option 栏中选"General Settings"。
在 Run to 栏中填入"16us"。意思是瞬态分析的终止时间为 16μs。
在 Start saving data 栏中填入"0"。意思是瞬态分析的起始时间为 0。
在 Maximum Step 栏中填入"0.2us"。意思是瞬态分析的时间步长为 0.2μs。

（4）运行 PSpice。

（5）查看分析结果：在如图 2.3.12 所示的 Probe 窗口中，执行 Trace/Add Trace 命令，用光标依次点选输入输出变量名 A、B、C、Out，即可得到如图 2.3.34 所示的输入输出波形。

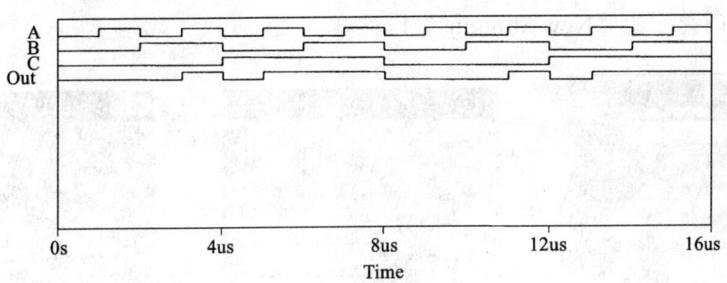

图 2.3.34 组合电路的分析结果

2. 数字信号源

数字电路的分析,关键是要根据分析需要正确设置好数字信号源。在 OrCAD/PSpice 9 的元器件符号库中,可以调出 4 类 17 种不同的数字信号源符号,如图 2.3.35 所示。这些信号源所产生的信号波形分为三类:

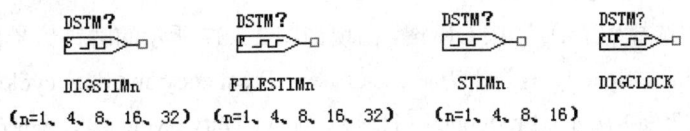

图 2.3.35 4 类数字信号源符号

(1)时钟信号。是一种规则的一位周期信号,用上述的 4 类数字信号源符号都可产生,但比较简单的产生方法有两种。

① 用时钟信号源符号。在元器件库中调出时钟信号源符号 DigClock,双击该符号出现如图 2.3.33 所示的参数编辑栏,共有 5 个参数需要设置,表 2.3.6 列出了这些参数及含义。

表 2.3.6 时钟信号源的参数

参　　数	含　　义	缺省值
OPPVAL	高电平状态	1
STARTVAL	$t=0$ 时的信号初值	0
OFFTIME	一个周期中低电平持续时间	0.5υs
ONTIME	一个周期中高电平持续时间	0.5υs
DELAY	延迟时间	0

上例组合逻辑电路的分析中,用的就是这种信号源。

② 用图形编辑型信号源符号。在元器件库中调出图形编辑型信号源符号 DigStim1(最后的数字 1 表示一位信号),执行 Edit/PSpice Stimulus 命令,出现如图 2.3.36 所示的 StmEd

程序窗口，同时显示出"New Stimulus"设置框。

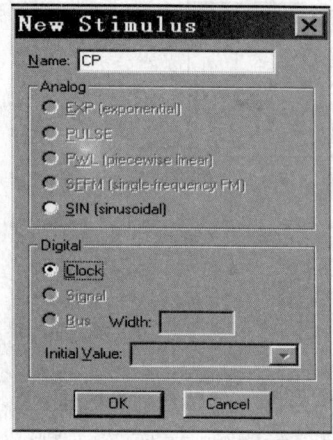 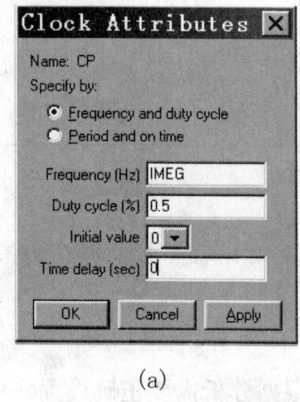 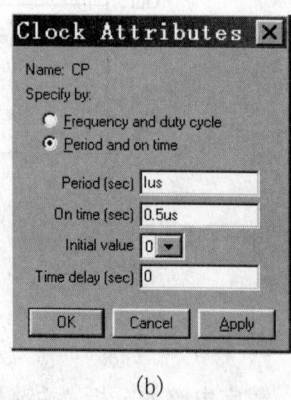

　　　　　　　　　　　　　　　　　　　(a)　　　　　　　　　(b)

图 2.3.36　StmEd 程序窗口　　　　图 2.3.37　时钟信号参数设置框

在 Name 栏中填入信号源的名称（如 CP）。

在 Digital 栏中选择"Clock"。按 OK 键，出现如图 2.3.37 所示的时钟信号参数设置框。

在图 2.3.37 中的"Specify by"下方，如果选择"Frequency and duty cycle"，需设置 4 项参数，如图 2.3.37（a）所示：Frequency（Hz）—频率、Duty Cycle（%）—占空比、Initial Value—初值、Time Delay（Sec）—时间延迟。

后三项的内定值分别为 0.5、0 和 0。

在图 2.3.37 中的"Specify by"下方，如果选择"Period and on time"，则前两项参数改为：Period（Sec）—周期、On time（Sec）—脉宽，后两项不变，如图 2.3.37（b）所示。

设置好参数后，按 Apply 按钮，时钟波形就出现在屏幕上。

（2）一般信号。是指不规则变化的一位信号,除了时钟信号源符号 DigClock 外，用其他三种符号都能产生，下面介绍比较简单的用基本信号源符号 STIM1 产生一般信号的方法：

在元器件库中调出基本信号源符号 STIM1（最后的数字 1 表示一位信号），双击该符号出现如图 2.3.38 所示的参数编辑栏。

	TIMESTE	COMMAND1	COMMAND2	COMMAND3	COMMAND4	COMMAND5	COMMAND6
SCHEMATIC1 :	10n	0s 0	1c 1	2c 0	5c 1	10c 0	

图 2.3.38　STIM1 信号参数编辑栏

在 COMMAND1，…COMMAN16 栏中填入波形转折点的坐标值或波形描述语句。

例如，为某触发器建立一个脉宽为 0.1s 负脉冲清零信号，参数设置为：

COMMAND1：0s　1　　　（意思是 $t = 0\mu s$ 时，为高电平。）

COMMAND2：0.1us　0　　（意思是 $t = 0.1\mu s$ 时，为低电平。）

COMMAND3：0.2us　1　　（意思是 $t = 0.2\mu s$ 时，为高电平。）

信号波形如图 16A.4 所示。

（3）总线信号。是一种多位信号，分为 2 位、4 位、8 位、16 位和 32 位共 5 种。限于篇幅，在此不作介绍。

2.4 虚拟实验中常用的 Capture 命令及 Probe 命令

PSpice A/D 应用非常广泛，与之配套的绘图模块 Capture、波形显示模块 Probe 等也都有很强的功能。它们互相配合，能进行各种电路的模拟和仿真。下面介绍本书虚拟实验题目中一些常用的前面未提及的 Capture 命令和 Probe 命令。

2.4.1 修改器件的模型参数

从器件库中调出的元器件参数是一定的，不一定满足我们的要求，可根据需要加以修改。例如将三极管 Q2N2222 修改为 $\beta=50$，步骤为：

选中三极管 Q2N2222，执行 Edit/PSpice Model 命令，出现如图 2.4.1 所示的三极管 Q2N2222 的模型参数，修改为 Bf=50（即 $\beta=50$）。

用该方法可改变场效应管的互导 g_m、开启电压 V_T，稳压管的稳压值 V_Z 等。

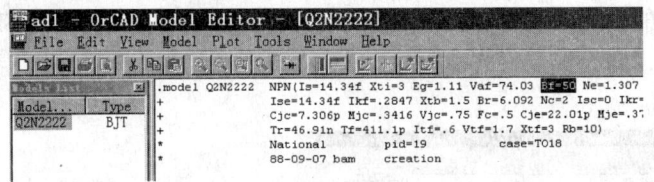

图 2.4.1 修改模型参数

2.4.2 初始偏置条件的设置

对于像振荡器、触发器这样的电路，通过设置合适的初始条件，可防止电路不收敛，有助于起振或使电路进入选定的稳态。

1. IC 符号

IC 符号用于设置电路中不同节点处的偏置条件。在电路符号库 SPECIAL 中，有 IC1 和 IC2 两个符号，如图 2.4.2 所示。IC1 为单引出端符号，用于指定与该引出端相连的节点的偏置条件。IC2 为双引出端符号，用于指定与这两个引出端相连的两个节点间的偏置条件。在电路中放置 IC 符号的方法同放置元器件符号。

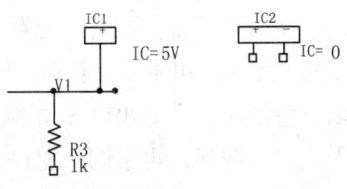

图 2.4.2 IC 符号及放置

例如将某电路 V_1 节点设置为偏置电压=5V，步骤为：

（1）在电路符号库 SPECIAL 中，调出 IC1 符号，放置到 V_1 节点处并与 V_1 节点相连。

(2) 双击该符号,在出现的参数框中将该符号的 VALUE 项设置为 5V。

2. 电容、电感初始值的设置

给电容、电感设置初始值,只要在其参数设置框中的 IC 项中键入初始值即可。

例如给电容 C_1 设置初始电压=1V,步骤为:双击电容 C_1,出现如图 2.4.3 所示的参数框,在 IC 项中键入 "1V"。

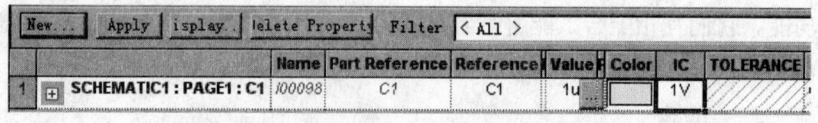

图 2.4.3 电容参数设置框

2.4.3 数字电路中高低电平符号的使用

在数字实验中经常需要在电路的输入端加入逻辑常量 "1" 或 "0",即 "高电平" 或 "低电平"。在 PSpice 中,高低电平要用专门的符号来设置。方法为:启动 Place/Ground 命令,或按对应的绘图快捷键,出现如图 2.4.4 所示的选择框。在 SOURCE 库中取 "$D-HI" 符号,接到电路的输入端,即为接入 "高电平";在 SOURCE 库中取 "$D-LO" 符号,接到电路的输入端,即为接入 "低电平"。

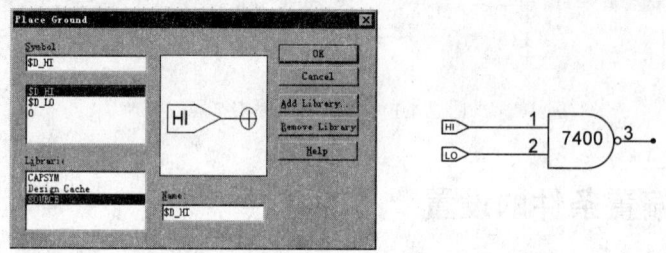

图 2.4.4 取放高低电平符号

2.4.4 两根 Y 轴与多窗口显示

实验中经常需要同时观看 2 个或 2 个以上的波形,如果这些显示波形的单位相同,幅度相差不大,可用同一窗口、同一根 Y 轴显示。但如果这些波形的单位不同,如放大器的幅频特性(单位为 dB)和相频特性(单位为 d(度));或者幅度相差悬殊,如放大器的输入、输出波形,再用同一窗口、同一根 Y 轴显示显然是很困难的。为此,Probe 程序提供了 "两根 Y 轴" 与 "多窗口显示" 功能。

1. 两根 Y 轴的使用步骤

例:分析如图 2.3.17 所示差动放大电路的幅频特性和相频特性。

(1) 按 2.3.6 节的方法，进行交流分析。

(2) 在 Probe 窗口中，执行 Trace/Add Trace 命令，在"Trace Expression"文本框中键入 VDB（V（Vo1，Vo2）/V（Vs：+）），即显示出电压增益的幅频特性曲线。

(3) 点选 Trace/Add Y Axis，出现第二个 Y 轴。

(4) 在"Trace Expression"文本框中键入 VP（V（Vo1，Vo2））/V（Vs：+）），即显示出电压增益的相频特性曲线。如图 2.4.5 所示。

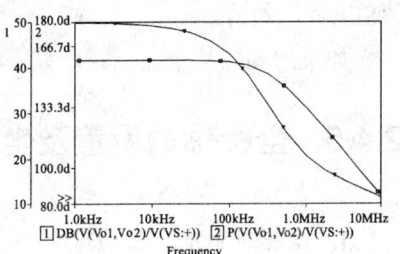

图 2.4.5 两根 Y 轴坐标系中的波形显示

从图中可以看出，两根 Y 轴分别标有编号 1 和 2 以示区别；窗口底部信号名前，用带方框的数字 1 和 2 说明该信号是采用 1 号 Y 轴还是 2 号 Y 轴。两根 Y 轴分别带有自己的单位，互不影响。

在存在两根 Y 轴的情况下，想在某根 Y 轴上添加一个新信号，应先选中该 Y 轴。选中的方法是用鼠标点击该 Y 坐标轴线的左测区域，使其底部左 C 侧出现 ">>" 符号。

2. 多窗口显示的使用步骤

例：分析如图 2.2.6 所示基本放大电路的输入输出波形。

(1) 按 2.3.2 节的方法，进行瞬态分析。

(2) 在 Probe 窗口中，执行 Trace/Add Trace 命令，选择 V（Out），点 OK 按钮，显示出输出端的波形。

(3) 执行 Plot/Add Plot to Window 命令，屏幕上添加第二个空白的波形显示区。

(4) 再执行 Trace/Add Trace 命令，在 Add Trace 对话框选择 V（Vs:+），点 OK 按钮，在第二个窗口显示出输入信号 Vs 的波形，如图 2.4.6 所示。

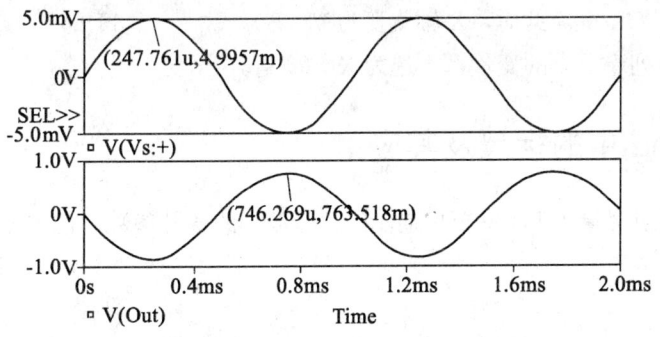

图 2.4.6 多窗口的波形显示

每执行一次 Plot/Add Plot to Window 命令，屏幕上就添加一个波形显示区。每个波形显示区可显示多个信号波形。

在存在多个波形显示区的情况下，想在某显示区中添加一个新信号，应先选中该显示区。选中的方法是用鼠标点击该显示区内任一位置，使其虚线框底部左下边界出现

"SEL>>"符号。

如果想删除某个显示区，只需将其选中，然后执行 Plot/Delete Plot 命令即可。

2.4.5 坐标轴的设置及坐标变换

1. 坐标轴刻度范围的设置

运行后，Probe 模块会根据变量的具体情况自动设置坐标轴的刻度范围。如果不满意，用户可自行调整。例如某电路运行后，Y 轴（电流）的刻度范围自动设置为-5～+5mA，想改为 0～+5mA。步骤是：

（1）执行 Plot/Axis Settings 命令，打开如图 2.4.7 所示的坐标轴设置框，点选"Y Axis"按钮。

（2）在 Data Range 栏中选中"User Define"，在下面的小方框中分别填入"0" 和"5mA"。按 OK 键，Y 轴的刻度范围即变为 0～+5mA。

同理，在步骤（1）中点选"X Axis"按钮，可设置 X 轴的刻度范围。

2. 改变 X 轴

一般瞬态分析后，X 轴自动设置为时间 T；交流分析后 X 轴自动设置为频率 f。有时我们希望改变 X 轴。例如作三极管的输入特性曲线时，应把 X 轴变为 V（B），即 V_{BE} 电压，方法是：

（1）执行 Plot/Axis Settings 命令，打开如图 2.4.7 所示的坐标轴设置框。

（2）点"Axis Variable"按钮，在左边的列表框中选择 V（B），按 OK 键。此时，X 轴就变为 V（B）。

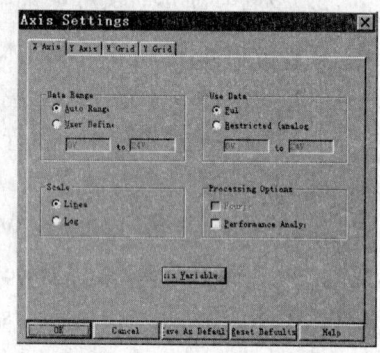

图 2.4.7 坐标轴设置框

同理，左边列表框中的变量都可选为 X 轴变量。

2.4.6 Probe 中的标尺及其应用

使用标尺可以测量出 Probe 窗口显示的信号波形的各种参数，它是虚拟实验中的一种有效手段。

1. 标尺启动与控制

（1）启动标尺：在 Probe 窗口执行 Trace/Cursor/Display 命令，窗口中即出现两组十字型标尺，同时在屏幕右下方弹出标尺数据显示框。

（2）撤消标尺：再次选择 Display 命令，将停止标尺的使用。

2. 两组标尺的控制

第一组标尺是由较密点构成的十字形虚线,受鼠标左键控制。第二组标尺是由较疏点构成的十字形虚线,受鼠标右键控制。为了控制标尺的移动,首先要确定每一组标尺用于哪一个信号波形。用鼠标左键点击窗口左下方信号名前的波形符号,该符号周围出现由较密点组成的方框,则表示第一组标尺沿该信号波形移动。同样,用鼠标右键点,信号名前的波形符号周围出现由较稀点组成的方框,则表示第二组标尺沿该信号波形移动。

标尺数据显示框中的第一行和第二行分别显示第一组和第二组标尺十字中心点 X 和 Y 的坐标值,第三行则显示两组标尺十字中心点 X 和 Y 坐标之差。

3. 标尺应用举例

某带通滤波器的幅频特性如图 2.4.8 所示,用标尺计算中心频率 f_0 及带宽 BW。步骤为:

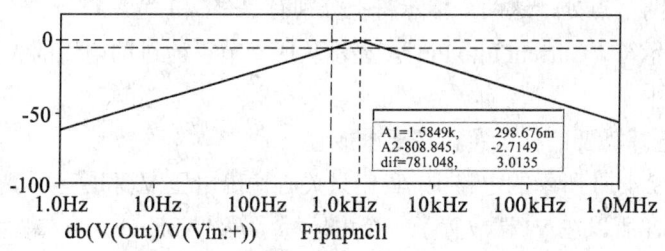

图 2.4.8 用标尺测量带通滤波器的 f_0 及 BW

(1) 在 Probe 窗口下执行 Trace/Cursor/Display 命令,启动标尺。

(2) 用鼠标左键使第一组标尺移动,执行 Trace/Cursor/Max 命令,标尺移至曲线的最大值位置。此时标尺数据显示框中第一行第一个数据就是该电路的中心频率 f_0,即 f_0=1.5849kHz。

(3) 用鼠标右键将第二组标尺沿 f 减小方向移至比 X 轴上最大值小 3dB 处,可在标尺数据显示框中第二行读出下限频率 f_L,即 f_L=803.845Hz,如图 2.4.8 所示。

(4) 再沿 f 增大方向移动第一组标尺至比 X 轴上最大值小 3dB 处即 f_H 处,在标尺数据显示框中第三行可读出 BW=2.3584kHz。

2.4.7 Probe 中的波形显示符及其使用方法

用 PSpice 分析电路一般是在仿真后再由用户确定显示哪些信号或变量的波形,Probe 的这种运行模式称为手动模式。还有一种模式是在仿真前就可确定要显示的信号,即在电路图中放置 Marke 符号。Marke 符号所指位置的信号波形在 Pspice 模拟分析结束后,会在屏幕上立即显示出来。可见这种方法更像用示波器观看波形。

共有 13 种 Marke 符号可供选用,放置 Marke 符号的方法如下:

画好电路图后,执行 PSpice/ Marke 命令,屏幕上出现如图 2.4.9 所示的子命令菜单。图中用汉字说明的是最常用的几种标示符。

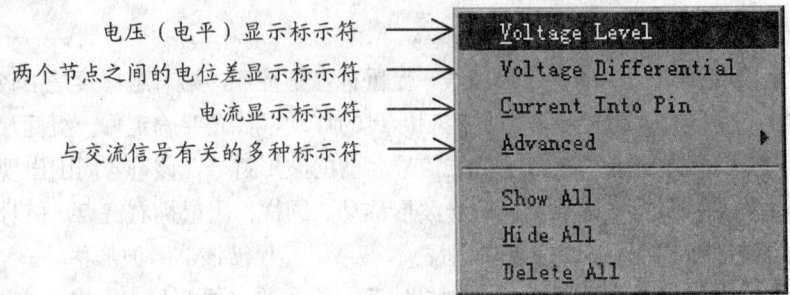

电压（电平）显示标示符 → Voltage Level
两个节点之间的电位差显示标示符 → Voltage Differential
电流显示标示符 → Current Into Pin
与交流信号有关的多种标示符 → Advanced

Show All
Hide All
Delete All

图 2.4.9　子命令菜单

电压显示标示符"Voltage Level"，显示所指节点与地电位之间电压的大小。放置在希望显示电压波形的节点处。

电位差显示标示符"Voltage Differential"，显示两个节点之间电位差的大小。分别放置在希望显示的两节点处，这两个标示符上分别有"+"和"-"符号。

电流显示标示符"Current into Pin"，显示从所指节点流进的电流的大小。放置在希望显示电流的支路中。

（2）从中选择需要的标示符，按要求放置。

例如在如图 2.4.10 所示的电路中，我们只关心输出电压 V_o 和回路电流的波形图，所以在 V_o 端放置了一个电压标示符"Voltage Level"，在回路中放置了一个电流显示标示符"Current into Pin"。

在 PSpice 模拟分析结束后，屏幕上会立即显示出 V_o 的电压波形和回路的电流波形。

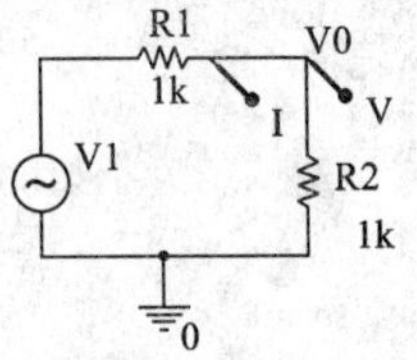

图 2.4.10　放置 Marke 符号

2.5　虚拟实验中常用测试方法

在 2.3 节中，按照电路特性分类介绍了用 PSpice 分析电路的基本方法。一般来说，虚拟实验用的就是这些方法。有些电路指标的测试可以直接用基本方法，比如测量静态工作点用静态工作点分析方法，测量频率特性用交流分析方法等。但虚拟实验中也有些电路指标的测试可使用多种方法，有些指标的测试需要一点技巧。下面介绍几种常用测试方法和测试技巧。

2.5.1　测量电压放大倍数

1. 直耦放大器

测量直耦放大器的电压放大倍数用直流传输特性分析（TF 分析）最方便，并能同时求出电路输入电阻和输出电阻。2.3.5 节中的例子求差动放大电路的电压放大倍数、输入电阻和输出电阻用的就是这种方法。

注意这种方法只能用于分析直耦电路，不能分析阻容耦合电路。

2. 阻容耦合放大器

可用以下方法测量阻容耦合放大器的电压放大倍数。

(1) 设置瞬态分析。分析后,得到输出、输入的波形图,启动标尺测出它们的峰值,两者相除,即得到电压放大倍数。

(2) 设置交流分析。分析后,得到幅频特性,可直接测出电压放大倍数。

例：基本放大电路如图 2.2.6 所示,测量其电压放大倍数。

解：用上述两种方法测试。

(1) 进行瞬态分析。运行后得到输入输出波形,如图 2.5.1 所示。启动标尺测出它们的峰值 V_o=763.5mV,V_S=5mV,两者相除,得到电压放大倍数≈153。

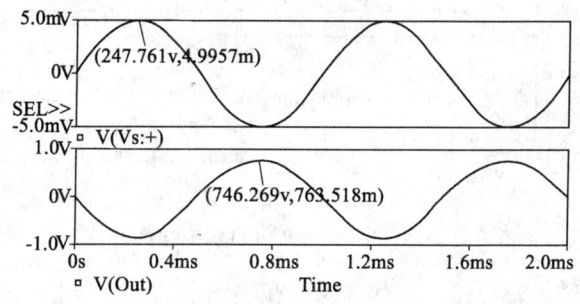

图 2.5.1　输入、输出波形图

(2) 进行交流分析。运行后在 Probe 窗口中,执行 Trace/Add Trace 命令,选择 V (Out) / V (Vs:+) 作输出量,显示出幅频特性如图 2.5.2 所示。启动标尺测出在 f = 10kHz 处的电压放大倍数≈161。

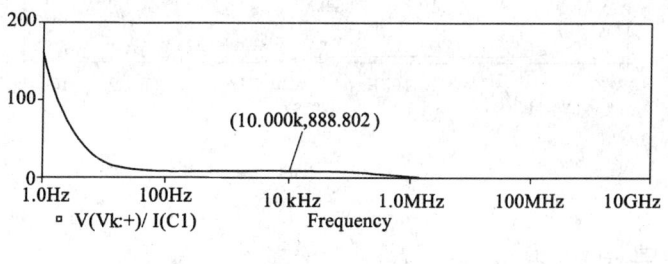

图 2.5.2　幅频特性

2.5.2　测量输入电阻、输出电阻

1. 直耦放大器

同测量电压放大倍数一起用直流传输特性分析（TF 分析）求出。

2. 阻容耦合放大器

（1）设置交流分析，得到输入电阻、输出电阻的频率特性，用标尺测出中频区的输入电阻、输出电阻。

（2）设置瞬态分析，按照第一章 1.2.5 节和 1.2.6 节介绍的测试方法测出。

例：基本放大电路如图 2.2.6 所示，求输入电阻、输出电阻。

解：用设置交流分析的方法测量

（1）进行交流分析后，在 Probe 窗口中，执行 Trace/Add Trace 命令，选择 V（Vs:+）/I（C1）作输出量，显示出输入电阻的频率特性如图 2.5.3 所示。启动标尺测出在 f=10kHz 处的输入电阻≈888.8Ω。

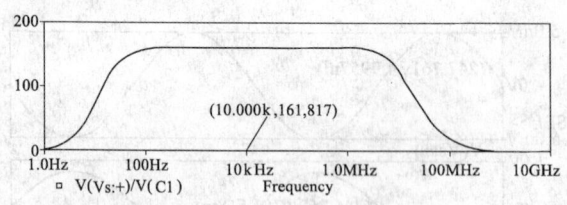

图 2.5.3 输入电阻的频率特性

（2）将电路的输入端短路，负载开路，在输出端加一信号源 V_o。进行交流分析后，在 Probe 窗口中，执行 Trace/Add Trace 命令，选择 V（V_o:+）/I（C2）作输出量，显示出输出电阻的频率特性如图 2.5.4 所示。启动标尺测出在 f=10kHz 处的输出电阻≈1.78kΩ。

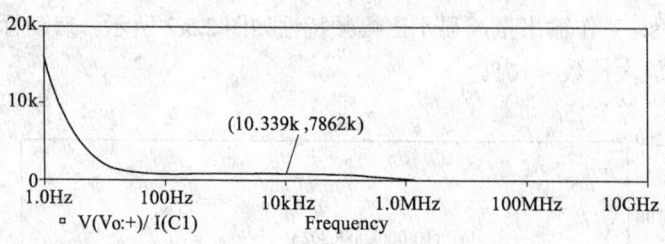

图 2.5.4 输出电阻的频率特性

2.5.3 测量最大输出幅度、输出功率

1. 设置直流扫描分析

通过直流扫描分析，可得到电路的输入输出特性曲线，从曲线上可读出最大输出幅度。

通过直流扫描分析，也可得到电路的输出功率、管耗和电源提供的功率随输出电压变化的曲线，从曲线上可读出最大输出功率或某一输出幅值下的功率。

但这一方法不能用于有隔直电容的电路。

2. 设置瞬态分析

通过瞬态分析，可得到电路的输出波形，然后将横轴改为输入变量，得到电路的输入输出特性曲线，从曲线上可读出最大输出幅度。

瞬态分析后，根据输出功率的定义

$$P_\text{o} = \frac{1}{T}\int_0^T v_\text{o} i_\text{o}\, \mathrm{d}t$$

利用 Probe 中信号运算的功能可得到上述积分曲线，在 t 等于周期 T 时刻曲线上的值，就是相应的功率值。

这一方法也适用于有隔直电容的电路。

例：互补对称功率放大器如图 2.5.5 所示。求最大不失真输出幅度 V_om、最大输出功率 P_om 和电源提供的功率 P_v。

解：分别用上述两种方法测量。

（1）用直流扫描分析。

① 求最大不失真输出幅度 V_om。

进行直流（DC）扫描分析：设置输入信号 VIN 为变量，扫描范围为 -12～+12V。运行后，得到如图 2.5.6 所示的电压传输特性曲线。启动标尺，可读出最大不失真输出幅度 $V_\text{om} \approx 6.5\text{V}$。

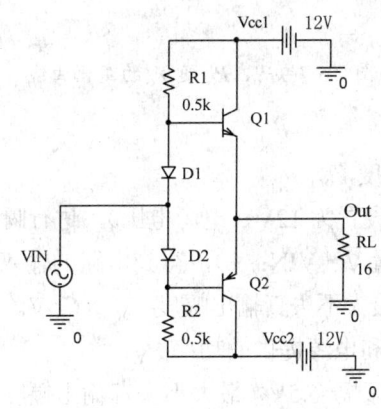

图 2.5.5　互补对称功率放大器

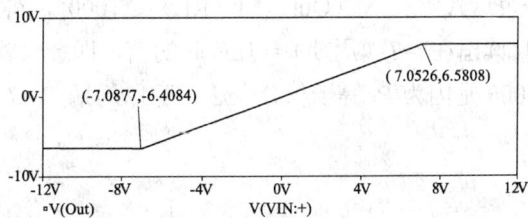

图 2.5.6　电压传输特性曲线

② 求最大输出功率 P_{om} 和电源提供的功率 P_V。

进行直流（DC）扫描分析，将 X 轴变量改为 V（Out），将 X 轴刻度范围改为（0～7V）。

根据 P_o、P_v 的定义，执行 Trace/Add Trace 命令后，在"Trace Expression"文本框中键入"V（Out）*I（RL）/2"，得 P_o 曲线。同理键入"ABS(V（VCC1:+）*I（VCC1）/1.414)"，可得电源提供功率 P_v 曲线，如图 2.5.7 所示。启动标尺可读出最大输出功率 $P_{om} \approx 1.36W$，此时电源提供的功率 $P_v \approx 3.49W$。

注：由于功率的定义是有效值电压乘以有效值电流，而直流分析得到的相当于峰值电压和峰值电流，所以在求 P_o 曲线时，用电压乘以电流再除以 2（即 $\sqrt{2} \times \sqrt{2}$）。电源电压 V_{CC1} 和 V_{CC2} 是直流量，所以在求 P_v 曲线时只除以 $\sqrt{2}$ 即可。又因为 V_{CC1} 和 V_{CC2} 只在半个周期有电流，当电路对称时，表达式 ABS（V（VCC1:+）*I（VCC1）/1.414）求出的是两个电源的总功率。

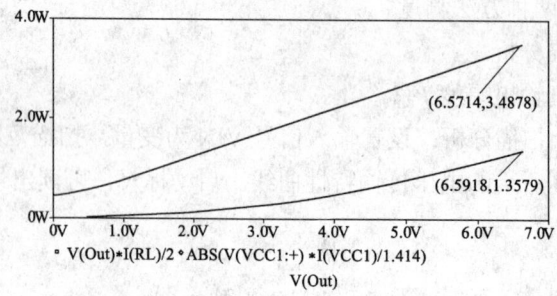

图 2.5.7 P_o、P_V 随 V_o 的变化曲线

(2) 用瞬态分析。

① 求最大不失真输出幅度 V_{om}。

将输入信号 VIN 的振幅设置为 12V（电源电压），进行瞬态分析，得到电路的输出波形。然后将横轴改为输入变量 V（VIN：+），得到电路的输入、输出特性曲线与图 2.5.6 基本一致，启动标尺可读出最大不失真输出幅度 $V_{om} \approx 6.5V$。

② 求最大输出功率 P_{om} 和电源提供的功率 P_V。

将输入信号 VIN 设置为振幅=6.5V（最大不失真输出幅度），频率=1kHz。进行瞬态分析，分析时间为：0～1ms（1 个周期）。

运行后，根据 P_o 的定义，执行 Trace/Add Trace 命令，在"Trace Expression"文本框中键入输出功率的积分表达式"S（V（Out）*I（RL））*1000"，得到 P_o 的积分曲线，如图 2.5.8 所示。启动标尺读出在 $t=T$（周期）= 1ms 时的值，即最大输出功率 $P_{om} \approx 1.16W$。

（表达式中乘以 1000 是因为 P_o 等于积分表达式除以周期 T，T=1ms，所以要乘以 1000。）

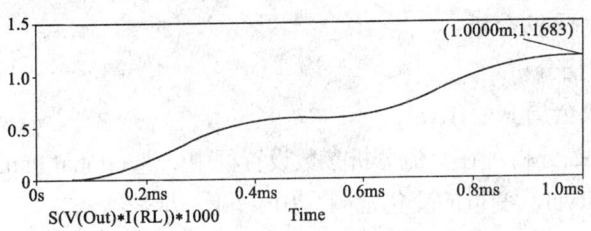

图 2.5.8 P_o 的积分曲线

同理,根据 P_V 的定义在"Trace Expression"文本框中键入积分表达式"S(V(VCC1:+)*I(VCC1))*1000",可得如图 2.5.9 所示的积分曲线。启动标尺读出在 $t=1\text{ms}$(周期)时的值,即此时电源提供的功率 $\approx 1.74\text{W}$。

用积分表达式算出的是一个电源提供的功率,两个电源提供的总功率 $P_V \approx 3.48\text{W}$。

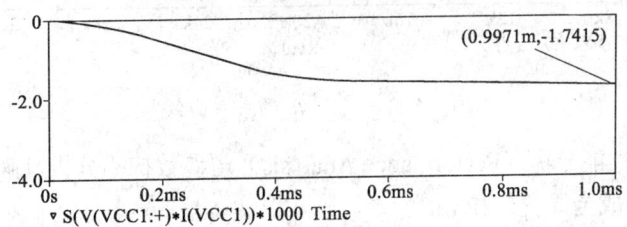

图 2.5.9 P_V 的积分曲线

2.5.4 根据指标要求确定某元件的参数值

这属于电路的设计方法,常用两种方法来完成。

设置直流扫描分析:这种方法主要用来分析与直流有关的性能分析,如静态工作点等。

电路性能分析(Performance Analysis)与参数扫描分析、瞬态分析、交流分析、直流分析等相配合:可分析参数变化对电路各种性能指标的影响,依此来确定元件的参数值。

例:放大电路如图 2.5.10 所示,要求 $V_i=0$ 时 $V_o=0$,求 R_e 的取值。

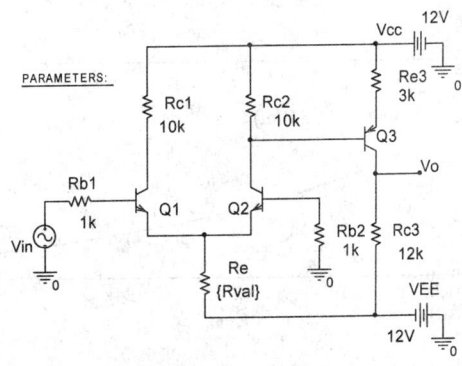

图 2.5.10 放大电路

解：用上述两种方法分析

（1）用直流扫描分析。

① 将 R_e 设置成全局变量{Rval}。

② 设置直流扫描分析：在直流分析参数设置框中，选 Global Parameter 作变量类型，"扫描变量"选为 Rval，变量的变化范围：10～30k，步长：2k。

③ 运行后，得到 V_o 与 R_e 的关系曲线如图 2.5.11 所示。启动标尺测出 R_e=15k 时，V_o=0V。

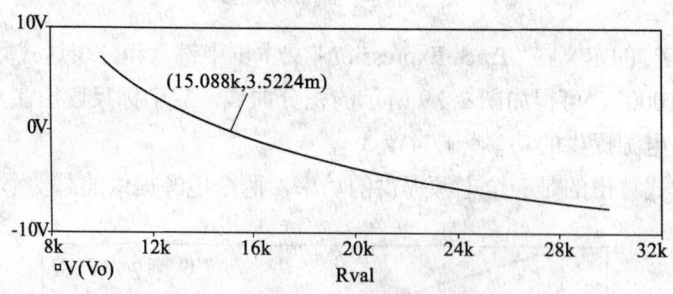

图 2.5.11　V_o 与 R_e 的关系曲线

（2）用电路性能分析（Performance Analysis）与参数扫描分析、瞬态分析相配合。

① 将 R_e 设置成全局变量{Rval}。

② 输入信号 Vin 选正弦电压源，并将其振幅 Vamp 设置成 0。

③ 对电路同时进行瞬态特性分析（Transient Analysis）和参数扫描分析（Parametric Analysis）。在参数分析对话框中将"扫描变量"选为 Rval，变量的变化范围：10～30k，步长：2k。

④ 运行 Pspice。运行结束后屏幕上出现多批运行结果选择框，将其全部选入。

⑤ 在 Probe 窗口中执行 Trace/Performance Analysis 命令，出现 Performance Analysis 对话框后，按"OK"按钮。屏上出现电路性能分析窗口，该窗口与 Probe 窗口类似，只是 X 轴变量变为 Rval 了。

⑥ 执行 Trace/Add Trace 命令，选中特征函数 Max ( )，再选输出变量 V（V_o），则屏上出现 Max（V（V_o））与 Rval 的关系曲线如图 2.5.12 所示。启动标尺测出 R_e=15k 时，V_o=0V。

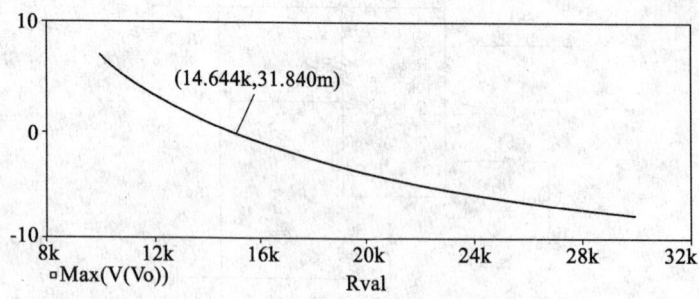

图 2.5.12　V_o 与 R_e 的关系曲线

2.5.5 测量具有滞回特性器件的传输特性

测量传输特性一般用直流（DC）分析。但直流分析不易作出迟滞回环。因此测量施密特触发器、迟滞比较器等这类具有滞回特性器件的传输特性时应用瞬态分析，在瞬态分析后，将 X 轴变量改为输入变量即可。

例：迟滞比较器电路如图 2.5.13 所示，作出其电压传输特性。

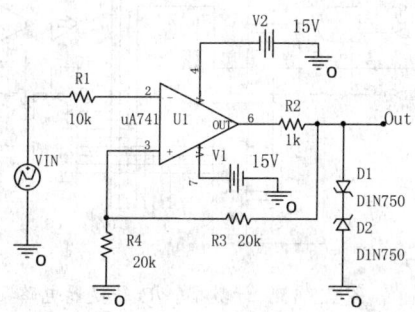

图 2.5.13 迟滞比较器电路图

解：

（1）输入信号选分段线性源，设置参数为：T_1=0s, V_1=-10V；T_2=1s, V_2=10V；T_3=2s, V_3=-10V。得一三角波形信号。

（2）设置瞬态分析。运行后，将 X 轴变量改为 V（VIN：+），即可得到如图 2.5.14 所示的具有迟滞回环的传输特性，可以看出两个阈值电压分别为 V_{T+}=5V，V_{T-}=-5V。

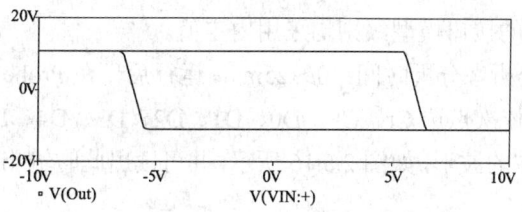

图 2.5.14 迟滞比较器的传输特性

2.5.6 数/模混合电路的分析测量

对于数/模混合电路，内部节点可分为模拟型节点、数字型节点和接口型节点 3 种。PSpice 9 处理接口型节点的基本方法是为数字逻辑单元库中的每一个逻辑单元同时配备 AtoD 和 DtoA 两类接口型等效子电路。其中 AtoD 子电路的作用是将模拟信号转换成数字信号，DtoA 子电路则是将数字信号转换成模拟信号。在分析数/模混合电路时，PSpice 9 会根据电路的具体情况自动插入一个或多个接口型子电路，以实现数字和模拟两类信号之间的转换。所以数/模混合电路的分析与数字电路的分析基本相同。

为了适应不同的分析要求，每个 AtoD 和 DtoA 子电路模型均分为 4 个级别，设置方法是双击逻辑单元符号,在出现的参数设置框中的一项名为 IO-LEVEL 的参数栏中键入 1、2、3 或 4。该参数内定值为 1。

例：计数型 A/D 转换器如图 2.5.15 所示,设输入 V_i=4V,测量计数器的输出波形及输出状态。

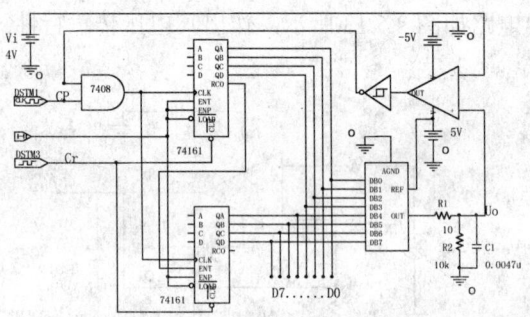

图 2.5.15　计数型 A/D 转换器电路

解：(1) 设置脉冲信号

时钟脉冲 CP：选用时钟信号源 DigClock,参数设置为 OFFTIME =0.05ms,ONTIME=0.05ms。

清零脉冲 Cr：选用基本信号源符号 STIM1。参数设置为：

COMMAND1：0s　1

COMMAND2：0.1ms　0

COMMAND3：0.2ms　1

(2) 各逻辑单元的接口模型级别均采用内定值。

(3) 进行瞬态分析。分析时间：0～25ms,运行后,在 Probe 窗口下执行 Trace/Add Trace 命令后,用光标依次点选 Cr、CP、D0、D1、D2、D3、D4、D5、D6、D7、V(Uo) 即可得到各输入输出端的波形,如图 2.5.16 所示,并可读出此时输出的数字量为 11001110。

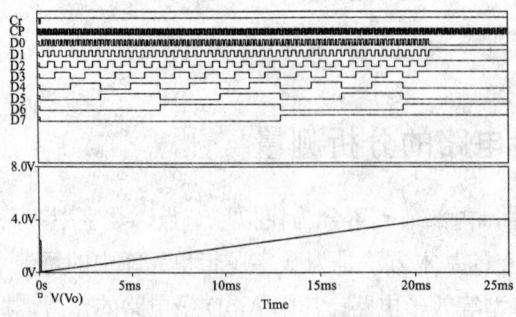

图 2.5.16　计数型 A/D 转换器的分析结果

从图 2.5.16 可以看出,数/模混合电路分析结果包括数字和模拟两类信号,在显示时 Probe 窗口自动分成两个窗口,分别显示数字信号和模拟信号。

第三章 虚拟实验

实验 1 常用电子仪器的使用练习

在模拟电子技术基础实验室里,最常用的电子仪器有示波器、函数发生器、交流毫伏表、万用表和直流稳压电源等。这些仪器也同元器件、电路一样可以用 OrCAD/PSpice 软件来模拟。

一、实验目的

1. 学习用 OrCAD/PSpice 产生信号及用标尺测量信号波形有关参数的方法。
2. 学习在电路中放置波形显示标示符,即使用模拟示波器的方法。
3. 练习用 Capture 软件绘制电路图。
4. 初步了解用 OrCAD/PSpice 软件进行电路测试的方法。

二、实验器材

正弦电压源、时钟信号源 DigClock(在 SOURCE 库中);电阻(在 ANALOG 库中)。

三、实验内容及步骤

1. 调用 Capture 软件绘制电路图

(1)进入电路图编辑(Page Editor)状态。启动 Place/Part 命令,在 SOURCE 库中取出一个正弦源 VSIN,在 ANALOG 库中取出 2 个电阻 R。启动 Place/Ground 命令,在 SOURCE 库中取出 "0" 符号(接地符号)。

(2)启动 Place/Wire 命令,将上述元器件连接成如图 3.1.1 所示电路。启动 Place/Net Alias 命令,为输出端设置节点名为 V_o。

(3)将正弦源的参数设置为:$V_{OFF}=0$,V_{AMPL}(振幅)=3V,F_{REQ}(频率)=1kHz,$T_D=0$,$D_F=0$,PHASE=0。

(4)执行 PSpice/Marke 命令,从子命令菜单中选择电压标示符 "Voltage Level" 分别放置在电路的输入和输出端。

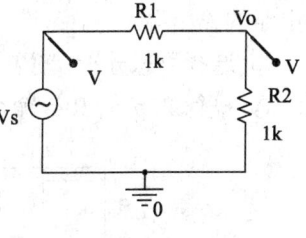

图 3.1.1

2. 用虚拟示波器观察电路输入输出的波形图

（1）选择瞬态分析，设置分析时间：4ms，分析步长：0.01ms。

（2）执行 PSpice/ Run 命令，即可看到输入输出波形如图 3.1.2 所示。

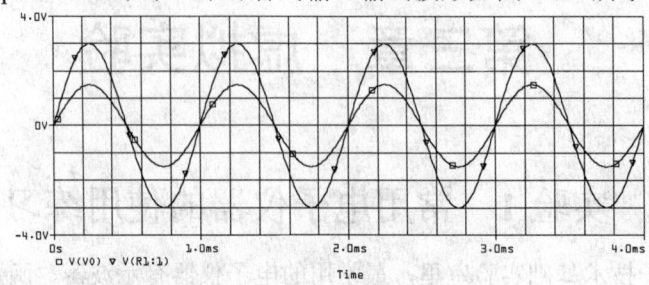

图 3.1.2　输入输出波形

3. 测量信号的振幅、周期

（1）启动标尺，测量出各波形的振幅、周期。

（2）改变正弦信号源的振幅和周期，重复以上步骤。

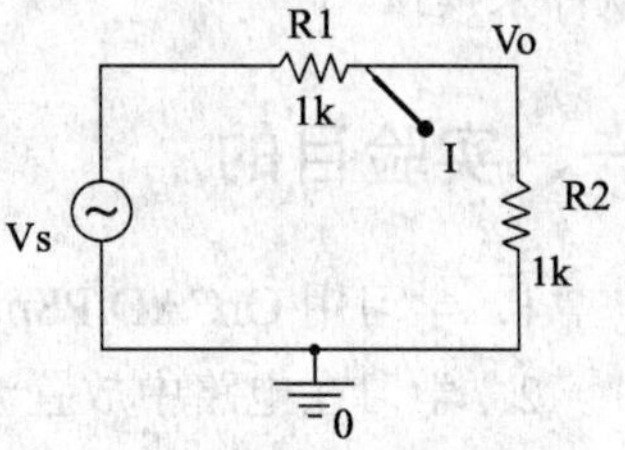

4. 观看回路中的电流波形

（1）去掉两个电压标示符"Voltage Level"，在电路中放入一个电流标示符"Current into Pin"（注意：要放在元器件引出端的位置），如图 3.1.3 所示。执行 PSpice/ Run 命令，即可看到回路中的电流波形。

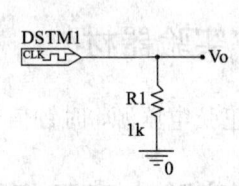

图 3.1.3

（2）测量回路电流的振幅。

5. 脉冲信号的产生与测试

（1）绘制电路：在 SOURCE 库中取出一个时钟信号源符号 DigClock，在 ANALOG 库中取出 1 个电阻 R。连接成电路如图 3.1.4 所示。

（2）给时钟信号源设置参数：选中时钟信号源符号 DigClock，双击之，在出现的参数编辑栏中，设置 OFFTIME（一个周期中低电平持续时间）=1μs、ONTIME（一个周期中高电平持续时间）=1μs。

图 3.1.4

（3）用虚拟示波器观察时钟信号的波形。

① 执行 PSpice/ Marke 命令，从子命令菜单中选择电压标示符"Voltage Level"放置在电路的输出端。

② 选择瞬态分析，分析时间：0～10μs。

③ 执行 PSpice/ Run 命令，即可看到时钟信号波形如图 3.1.5 所示。

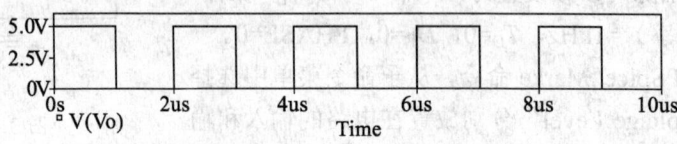

图 3.1.5　时钟信号波形图

(4) 测量信号的振幅、周期。

四、思考题

1. 用放置波形显示标示符的方法,能够同时看到输入输出电压和回路电流的波形图吗?为什么?用什么方法可以同时看到?
2. 如果想改变观察到的波形周期的个数,应怎么办?

实验 2 测试半导体二极管、三极管

一、实验目的

1. 学习用 OrCAD/PSpice 软件测试晶体管特性曲线的方法。
2. 学习直流(DC)分析中的"嵌套"分析和 Probe 中的坐标变换及设置。

二、实验器材

三极管、二极管(在 EVAL 库中);电阻(在 ANALOG 库中);直流电压源、直流电流源(在 SOURCE 库中)。

三、实验内容及步骤

1. 测试三极管的特性曲线

(1) 测试三极管的输出特性曲线。

① 用 Capture 绘制电路图如图 3.2.1 所示。

② 选择直流(DC)分析。在进行直流分析时,除了允许设置一个自变量外,还允许设置一个参变量,称为"嵌套"设置。

在直流分析参数设置框中,选 V_{CE} 为自变量,变化范围:0~20V,步长:2V。

③ 在 Option 栏中再选中 "Secondary Sweep",并选 I_B 为参变量,变化范围:0~120μA,步长:20μA。

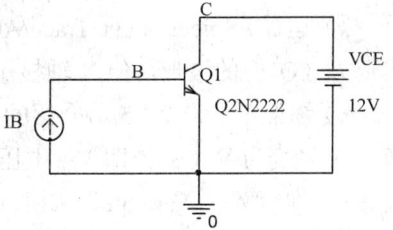

图 3.2.1 三极管输出特性曲线的测试电路

注意:Options 栏中的两项"Primary Sweep"和"Secondary Sweep"必须全都选中(在前面的小方框中打对号)。

④ 运行 PSpice:执行 Trace/Add Trace 命令。在 Add Trace 对话框中,选 I_C(Q1)作输出量,出现输出特性曲线的波形图。

⑤ 参照第二章 2.4.5 节介绍的坐标轴的设置方法,将 Y 轴的刻度范围设置为 0~+8mA,显示出如图 3.2.2 所示的输出特性曲线。

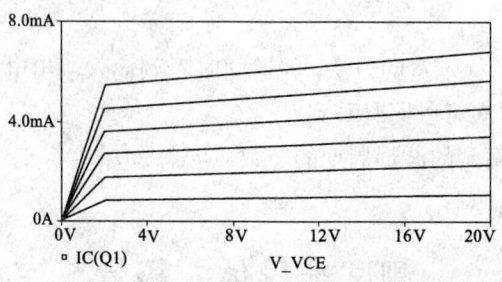

图 3.2.2 三极管的输出特性曲线

(2) 测试三极管的输入特性曲线。

① 用 Capture 绘制电路图如图 3.2.3 所示。

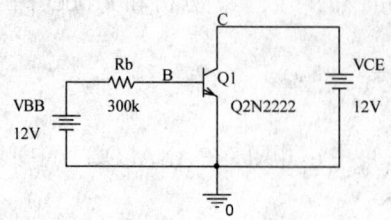

图 3.2.3 三极管输入特性曲线的测试电路

② 选择直流(DC)分析。

选 V_{BB} 为自变量,变化范围:0~24V;步长:2V。

选 V_{CE} 为参变量,变化范围:0~12V;步长:1V。

③ 运行 PSpice:执行 Trace/Add Trace 命令。在 Add Trace 对话框中,选 I_B(Q1),出现 I_B(Q1) 的波形,但 X 轴显示的是 V_{BB}。

④ 参照第二章 2.4.5 节介绍的坐标变换方法,改变 X 轴。为了显示输入特性曲线,应把 X 轴变为 V(B),即 V_{BE} 电压。方法是:执行 Plot/Axis Settings 命令,打开坐标轴设置框,点 "Axis Variable" 按钮,在列表框中选择 V(B),按 OK 键。此时,X 轴就变为 V(B),显示出如图 3.2.4 所示的输入特性曲线。

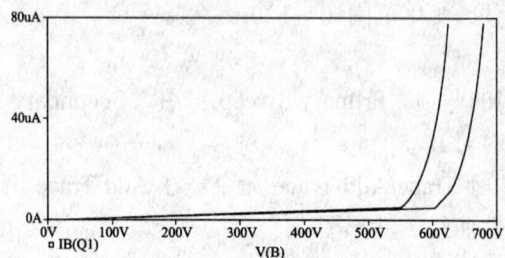

图 3.2.4 三极管的输入特性曲线

（3）测试二极管的 V-A 特性曲线注
① 用 Capture 绘制电路图如图 3.2.5 所示。

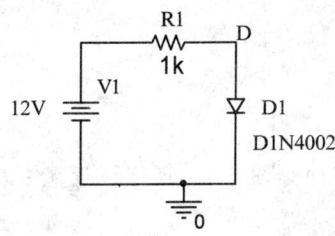

图 3.2.5 二极管特性曲线的测试电路

② 选择直流（DC）分析。选 V_1 为自变量，变化范围：-5V～+5V，步长：0.1V。
③ 运行 PSpice，执行 Trace/Add Trace 命令。在 Add Trace 对话框中，选 I（D_1）为输出量，把 X 轴变为 V（D_1），即显示出如图 3.2.6 所示的 V-A 特性曲线。

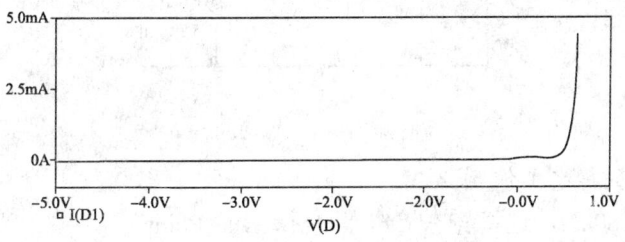

图 3.2.6 二极管的 V-A 特性曲线

四、实验报告

1. 保存并打印出实验电路及各实验波形图。
2. 总结用 PSpice 软件测试晶体管特性曲线的方法。

五、思考题

1. 怎样从三极管的输出特性曲线上测得管子的电流放大系数 β？
2. 怎样从二极管的 V-A 特性曲线上测得管子在某点的直流电阻 R_F 和交流电阻 r_F？

实验 3 基本放大电路

一、实验目的

1. 学习基本放大电路静态工作点、放大倍数、输入电阻、输出电阻的测试方法。
2. 观察电路参数对放大器静态工作点及输出波形的影响。

二、实验器材

三极管(在 EVAL 库中);电阻、电容(在 ANALOG 库中);直流电压源、正弦电压源(在 SOURCE 库中)。

三、实验内容及步骤

1. 用 Capture 绘制电路图,如图 3.3.1 所示。设置三极管的 $\beta=80$,设置好输出节点名 Vo。

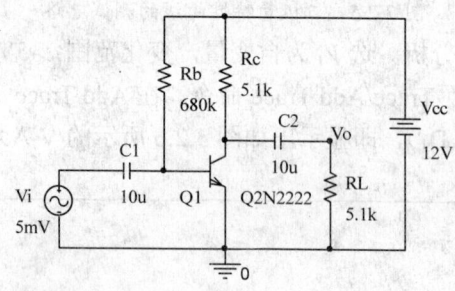

图 3.3.1 基本放大器

2. 测试电路的静态工作点

(1) 使 $R_b=680\text{k}\Omega$,选择静态工作点分析(Bias Point)。

(2) 运行 PSpice。

(3) 查看分析结果。分析计算结束后,在 Probe 窗口下选择 View/Output File 命令,即可看到三极管 Q_1 的静态工作点值如图 3.3.2 所示。

```
**** BIPOLAR JUNCTION TRANSISTORS

NAME       Q_Q1
MODEL      Q2N2222
IB         1.67E-05
IC         1.17E-03
VBE        6.48E-01
VBC        -5.40E+00
VCE        6.04E+00
```

图 3.3.2 静态工作点值

(4) 改变 R_b,重复以上步骤,观看静态工作点的变化情况。

3. 测量电压放大倍数

(1) 将输入正弦信号源设置为:$V_{\text{OFF}}=0$,V_{AMPL}(振幅)$=5\text{mV}$,F_{REQ}(频率)$=1\text{kHz}$,$T_D=0$,$D_F=0$,PHASE=0。

(2) 选择瞬态分析。分析时间:0~4ms,时间步长:0.01ms。

(3) 运行 PSpice。

(4) 查看分析结果:分析计算结束后,在 Probe 窗口中,执行 Trace/Add Trace 命令,选择 V(Vo)作输出量,即可看到输出端的波形。

（5）执行 Plot/Add Plot to Window 命令，在屏幕上添加一个空白的波形显示区。再执行 Trace/Add Trace 命令，在 Add Trace 对话框选择 V（Vi:+），点 OK 按钮，即可同时看到输入信号 V_i 的波形，如图 3.3.3 所示。

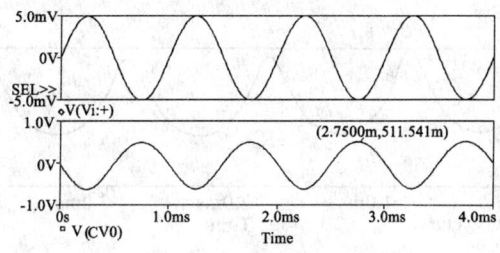

图 3.3..3　输入输出波形图

（6）启动标尺读出输出电压的峰值 V_o=511.5mV，计算：

$$|A_V| = \frac{V_o}{V_i} = \frac{511.5}{5} \approx 102.7$$

4. 测量输出电阻 R_0

将负载开路（$R_L = \infty$），重复以上步骤，测量出空载时的输出电压的峰值 V_o'，根据戴维南定理，可由下式算得放大器输出电阻：

$$R_0 = (\frac{r_0'}{r_0} - 1)R_L$$

5. 测量输入电阻 R_i

在电路中电容 C_1 前串入电阻 R_X=5.1kΩ，使输入信号 V_S=10mV（峰值），进行瞬态分析，得到 V_S 与电容 C_1 右端 V_i 的波形如图 3.3.4 所示。启动标尺读出 V_i=2.355 mV（峰值），即可求得：

$$R_i = \frac{V_i}{V_S - V_i} R_X = \frac{2.355}{10 - 2.355} 5.1 \approx 1.57 \text{k}\Omega$$

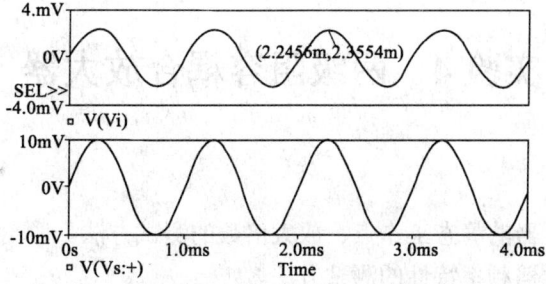

图 3.3.4　测量输入电阻 R_i 的波形

6. 观察静态工作点对输出波形的影响

（1）仍使 V_i=5mV，f=1kHz。将 R_b 减小到 100 kΩ，进行瞬态分析，观察输出电压波形如图 3.3.5 所示。

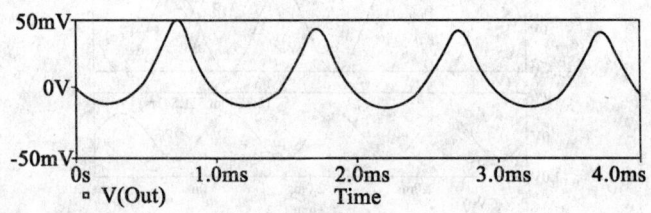

图 3.3.5　R_b=100kΩ时的波形

（2）将 R_b 增加到 1MEG（1MΩ），并适当增加 V_i（如 V_i=20mV），进行瞬态分析，观察输出电压波形如图 3.3.6 所示。

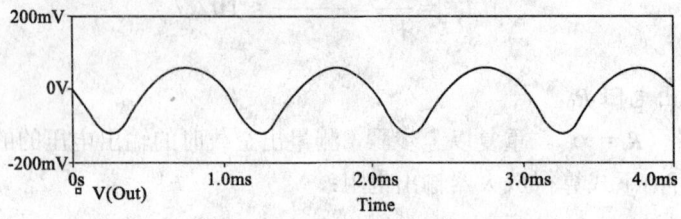

图 3.3.6　R_b=1MΩ时的波形

四、实验报告

1. 保存并打印出实验电路及各实验数据及波形图，计算 A_V、R_i、R_o 值。
2. 分析静态工作点对输出波形的影响。

五、思考题

还可以用什么方法来测试电路的输入输出电阻？是否可以按照输入输出电阻的定义来测量？设计一种方案试一下。

实验 4　两级阻容耦合放大器

一、实验目的

1. 学习多级放大器的静态工作点、放大倍数的测试方法。
2. 学习多级放大器频率特性的测试方法。

二、实验器材

三极管(在 EVAL 库中);电阻、电容(在 ANALOG 库中);直流电压源、正弦电压源(在 SOURCE 库中)。

三、实验内容及步骤

1. 用 Capture 绘制电路如图 3.4.1 所示。设置三极管的 $\beta_1=\beta_2=60$,设置好各节点名。
2. 测试电路的静态工作点

(1) 使 $R_{b1}=25\text{k}\Omega$,$R_{b3}=65\text{k}\Omega$,选择静态工作点分析(Bias Point)。

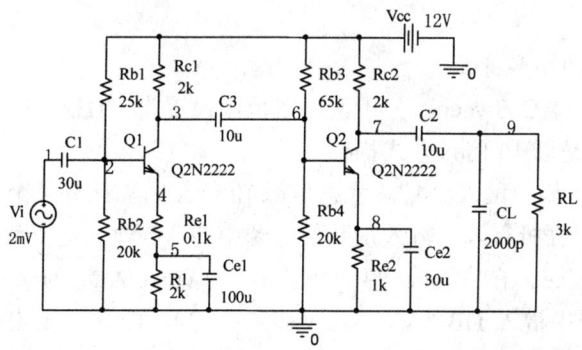

图 3.4.1 两级阻容耦合放大器

(2) 运行 PSpice。

(3) 查看分析结果。分析计算结束后,在 Probe 窗口下选择 View/Output File 命令,可计算出电路各节点的静态电位如图 3.4.2 所示。

```
NODE   VOLTAGE     NODE   VOLTAGE     NODE   VOLTAGE     NODE   VOLTAGE

(  1)    0.0000  (  2)    4.9247  (  3)    8.0149  (  4)    4.2616
(  5)    4.0587  (  6)    2.3661  (  7)    8.6427  (  8)    1.7086
(  9)    0.0000  (N00108)  12.0000
```

图 3.4.2 静态工作点值

3. 测量电压放大倍数

(1) 将输入正弦信号源 V_i 设置为:$V_{OFF}=0$,V_{AMPL}(振幅)=2mV,F_{REQ}(频率)=1kHz,$T_D=0$,$D_F=0$,PHASE=0,AC=10mV(为进行交流分析作准备)。

(2) 选择瞬态分析。分析时间:0~4ms,时间步长:0.01 ms。

(3) 运行 PSpice 后查看分析结果。分析计算结束后,用 Probe 窗口中的多窗口显示,同时观看第一级输出端 V_3 和总输出端 V_9 的波形如图 3.4.3 所示。注意 V_3 波形中含有直流分量。

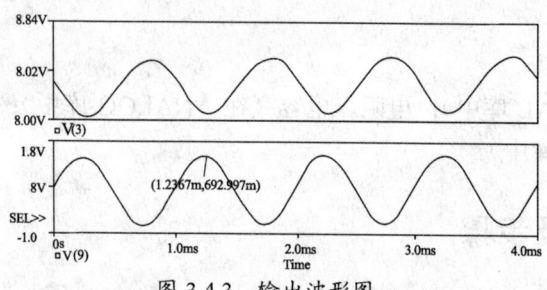

图 3.4.3 输出波形图

（4）启动标尺读出输出电压的峰值 V_o=693mV，计算：

$$|A_V| = \frac{V_o}{V_i} = \frac{693}{2} \approx 346.5$$

4. 测量放大器的频率特性

（1）进行交流（AC Sweep）分析。频率范围设置为：1Hz～10MEGHz。分析类型选"Decade"，意思是以10倍频方式扫描。

在 Points/Decade 栏中填入"4"，意思是每10倍频间隔计算4个点。

注意：要使交流分析有效，输入正弦信号源中的 AC 项一定要赋值。

（2）运行 PSpice。在 Probe 窗口中，执行 Trace/Add Trace 命令，在"Trace Expression"文本框中键入 DB（V（9）/V（Vi：+）），即显示出电压增益的幅频特性曲线。然后点选 Trace/Add Y Axis，增加一个纵轴。在"Trace Expression"文本框中键入 P（V（9）/V（Vi：+）），即同时显示出电压增益的相频特性曲线，如图3.4.4所示。

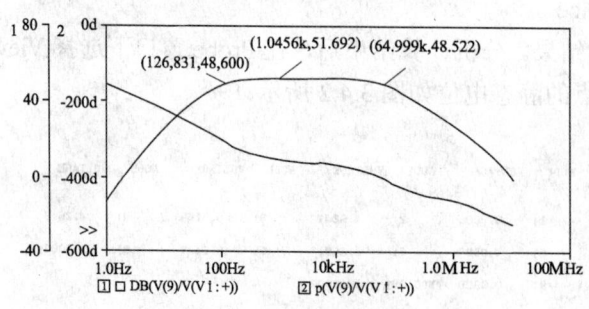

图 3.4.4 频率特性曲线

（3）启动标尺可以测得：中频电压增益 A_{VM}=51.69dB

上限截止频率 f_H=65kHz

下限截止频率 f_L=126.8Hz

5. 观察 φ_H 与 φ_L

（1）将输入正弦信号的频率设置为 $f=f_L$=126.8Hz，进行瞬态分析，观看输出与输入的波形如图3.4.5所示。启动标尺可以测出 $\varphi_L \approx 45°$。

（2）将输入正弦信号的频率设置为 $f=f_H$=65kHz，进行瞬态分析，观看输出与输入的波形，启动标尺测出 φ_H。

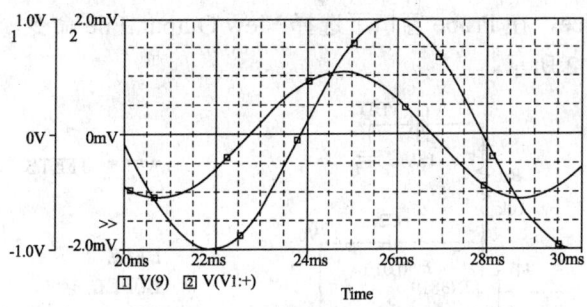

图 3.4.5　用瞬态分析观察相位

四、实验报告

保存并打印出实验电路及各实验数据及波形图，从各波形图中计算或提取 A_{VM}、f_H、f_L、φ_H、φ_L 值。

五、思考题

1. 电路的 f_H、f_L 主要与电路中的哪些参数有关？电路中的电容 C_L 起什么作用？
2. 怎样从图 3.4.4 所示的频率特性曲线上用标尺测出 φ_H 与 φ_L 的值？

实验 5　场效应管放大器

一、实验目的

1. 学习共源放大电路的静态、动态指标的测试方法。
2. 了解场效应管放大器的可变电阻特性，了解高阻电路的测量方法。

二、实验器材

结型场效应管（在 EVAL 库中）；电阻、电容（在 ANALOG 库中）；直流电压源、正弦电压源（在 SOURCE 库中）。

三、实验内容及步骤

1. 用 Capture 绘制电路图如图 3.5.1 所示。设置好各节点名。
2. 测试电路的静态工作点

（1）使 R=2.5kΩ，选择静态工作点分析（Bias Point）。

（2）运行 PSpice，在 Probe 窗口下选择 View/Output File 命令，即可看到电路的静态工作点值如图 3.5.2 所示。

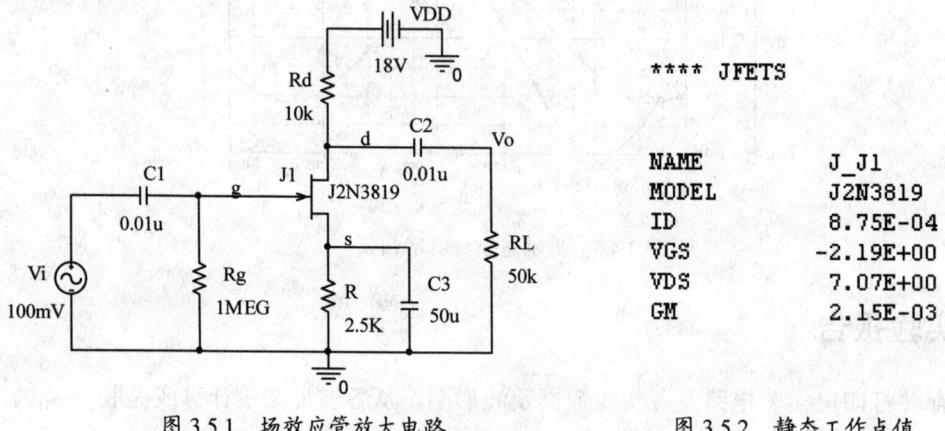

图 3.5.1　场效应管放大电路　　　　图 3.5.2　静态工作点值

（3）改变 R，重复以上步骤，观看静态工作点的变化情况。

3. 测量电压放大倍数

（1）将输入正弦信号源设置为：VOFF=0，VAMPL（振幅）=100mV，FREQ（频率）=1kHz，TD=0，DF=0，PHASE=0。

（2）进行瞬态分析，时间范围：0～4ms，时间步长：0.01ms。

（3）运行 PSpice。分析计算结束后，在 Probe 窗口中，执行 Trace/Add Trace 命令，运用 Probe 的多窗口显示，即可看到输入输出波形如图 3.5.3 所示。

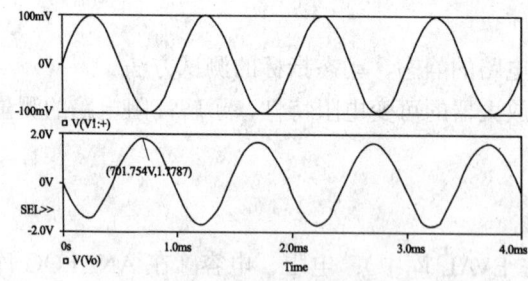

图 3.5.3　输入输出波形图

（4）启动标尺读出输出电压的峰值 V_o=1.78V，计算：

$$|A_V| = \frac{V_o}{V_i} = \frac{1.78}{0.1} \approx 17.8$$

4. 测量输入电阻 R_i

用第一章 1.2.5 节介绍的方法，在电路中串入电阻 R_X=1MEG(1MΩ)，使输入信号 V_s=100mV（峰值），进行瞬态分析，测得 V_i=50mV（峰值），可求得：

$$R_\mathrm{i} = \frac{V_\mathrm{i}}{V_\mathrm{S} - V_\mathrm{i}} R_\mathrm{X} = \frac{50}{100-50} \times 1 = 1\mathrm{M}\Omega$$

5．测量场效应管可变电阻

（1）按图 3.5.4 绘制好电路，图中 V_i=1V、f=1kHz 的正弦电压源，Vgs 为直流电压源。将栅源电压 Vgs 设置为全局变量｛Vgs｝，同时选择瞬态分析和参数扫描分析（Parametric Sweep），分析参数设置为：

在 Sweep variable 栏中选中"Global paramete"，在 paramete 栏中填入"Vgs"，变量变化范围：0V～-2V，步长：-0.5V。

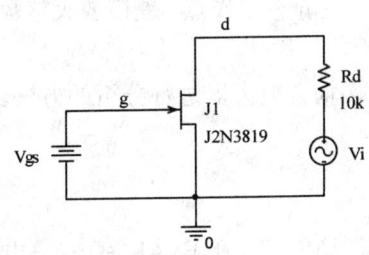

图 3.5.4　测量场效应管可变电阻的电路

（2）运行 PSpice。

（3）进行电路性能分析：为了看到输出与 Vgs 的关系曲线，在分析结束并将出现的多批运行结果全部选中后，执行 Trace/Performance Analysis（电路性能分析）命令，屏上出现电路性能分析窗口，该窗口与 Probe 窗口类似，只是 X 轴变量变为 Vgs 了。

（4）查看分析结果：在电路性能分析窗口中执行 Trace/Add Trace 命令，选中特征函数 Max（），再选输出变量 V（Vd）/Id（J1），则屏上出现场效应管可变电阻与 Vgs 的关系曲线如图 3.5.5 所示。从图中可以看出，在此条件下 r_ds 约为 140～380Ω。

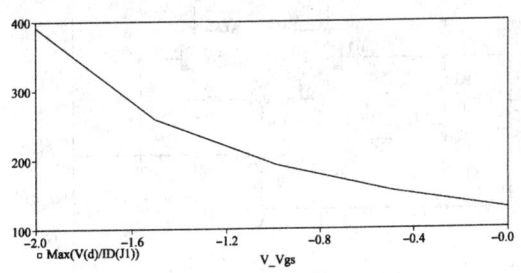

图 3.5.5　可变电阻与 V_GS 的关系曲线

四、实验报告

1．保存并打印出实验电路及各实验数据及波形图，计算整理出 A_V、R_i、可变电阻等参数值。

2．分析总结场效应管及场效应管放大器的特点。

五、思考题

还可以用什么方法来测试电路的可变电阻？设计一种方案试一下。

实验 6　差动放大电路

一、实验目的

1. 学习差动放大器的特点及静态工作点、差模放大倍数、共模放大倍数、输入电阻、输出电阻的测试方法。
2. 学习用 PSpice 9 对直接耦合放大器进行分析的方法。

二、实验器材

三极管（在 EVAL 库中）；稳压管（在 EVAL 库中）；电阻（在 ANALOG 库中）；电位器（在 BREAKOUT 库中）；直流电压源、正弦电压源（在 SOURCE 库中）。

三、实验内容及步骤

1. 用 Capture 绘制电路图，如图 3.6.1 所示。设置三极管的 $\beta = 100$。

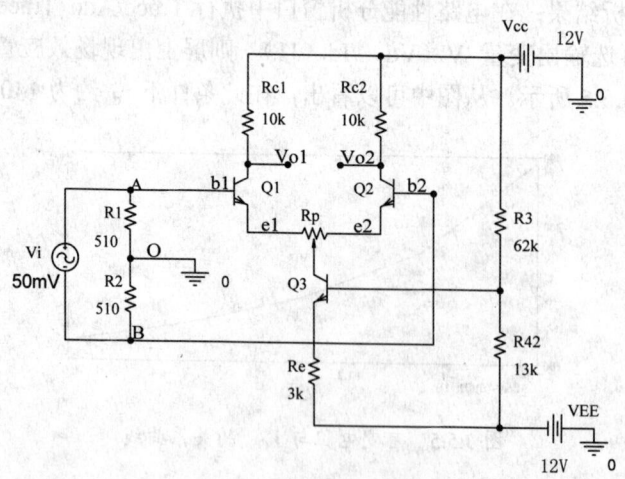

图 3.6.1　基本差动放大器

2. 测试电路的静态工作点。对电路进行静态工作点分析（Bias Point）。在 Probe 窗口下选择 View/Output File 命令，即可看到两个三极管的静态工作点值如图 3.6.2 所示。

```
**** BIPOLAR JUNCTION TRANSISTORS
NAME          Q_Q1         Q_Q2         Q_Q3
MODEL         Q2N2222      Q2N2222      Q2N2222
IB            6.74E-06     6.74E-06     1.30E-05
IC            5.49E-04     5.49E-04     1.11E-03
VBE           6.28E-01     6.28E-01     6.46E-01
VBC          -6.51E+00    -6.51E+00    -7.27E+00
VCE           7.14E+00     7.14E+00     7.91E+00
```

图 3.6.2　静态工作点值

3．测量双端输入、双端输出的差模电压放大倍数 A_{Vd}。

（1）在 A、B 两端加输入正弦电压源 V_i，参数设置为：V_{OFF}=0，V_{AMPL}（振幅）=50mV，F_{REQ}（频率）=1kHz，T_D=0，D_F=0，PHASE=0，DC=0（为进行直流分析作准备）。

（2）选择直流传输特性分析（TRANSFER FUNCTION），设置参数如下：

在 Analysis type 栏中选"Bias Point"。

在 Option 栏中选"General Settings"。

在 Output File Options 栏中选"Calculate small-signal DC gail"。

在 From Input source 栏中填入"Vi"。

在 To Output 栏中填入"V（VO1，VO2）"。

（3）运行 PSpice。在 Probe 窗口中，选择 View/Output File 命令，移动滚动条即可得到如图 3.6.3 所示的计算结果。

```
****     SMALL-SIGNAL CHARACTERISTICS
         V(VO1,VO2)/V_Vi = -4.939E+01
         INPUT RESISTANCE AT V_Vi =   9.892E+02
         OUTPUT RESISTANCE AT V(VO1,VO2) =   1.967E+04
```

图 3.6.3　双入双出的分析结果

4．测量单端输入、单端输出的差模电压放大倍数 A_{Vd1}。

（1）在 A、0 两端加输入正弦电压源 V_i，参数设置同上。

（2）选择直流传输特性分析（TRANSFER　FUNCTION）。

在 From Input source 栏中填入"Vi"。

在 To Output 栏中填入"V（VO2）"（意思是从 Vo2 输出）。

其他设置同上。

（3）运行 PSpice。可得到如图 3.6.4 所示的计算结果。

**** SMALL-SIGNAL CHARACTERISTICS

V(VO2)/V_Vi = 2.432E+01

INPUT RESISTANCE AT V_Vi = 5.023E+02

OUTPUT RESISTANCE AT V(VO2) = 9.905E+03

图 3.6.4　单入单出的分析结果

5．测量单端输出的共模电压放大倍数 A_{VC1}。

（1）将 A、B 两端短接，在 A、0 端加输入信号 V_i，参数设置同上。

（2）选择直流传输特性分析（TRANSFER FUNCTION），设置参数 3，得到如图 3.6.5 所示的计算结果。

**** SMALL-SIGNAL CHARACTERISTICS

V(VO2)/V_Vi = -2.971E-03

INPUT RESISTANCE AT V_Vi = 2.550E+02

OUTPUT RESISTANCE AT V(VO2) = 9.914E+03

图 3.6.5　共模输入单端输出分析结果

6．观看输入、输出波形

（1）将输入信号设置为差模单端输入方式。

（2）进行瞬态分析，时间范围：0～4ms，时间步长：0.01ms。

（3）运行 PSpice。分析计算结束后，在 Probe 窗口中，执行 Trace/Add Trace 命令，运用 Probe 的多窗口显示，即可看到输入输出波形如图 3.6.6 所示。

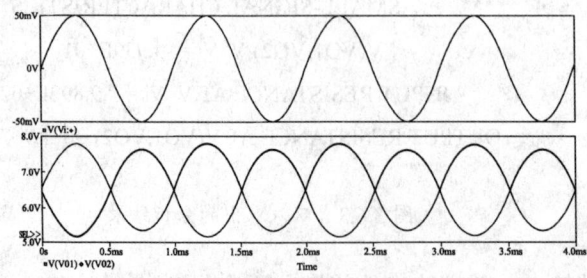

图 3.6.6　输入、输出波形

7．作出电路的电压传输特性。

（1）选择直流扫描分析（DC SWEEP），参数设置为：

在 Sweep variable 栏中选"Voltage source"；在 Name 栏中填入"V_i"。

在 Sweep type 栏中选"Linear"，变量变化范围：-1V～+1V，步长：0.01V。

（2）运行 PSpice 后，在 Probe 窗口中，执行 Trace/Add Trace 命令，用光标依次点中 V（V_{o1}）和 V（V_{o2}），即显示该电路电压传输特性曲线，如图 3.6.7 所示。

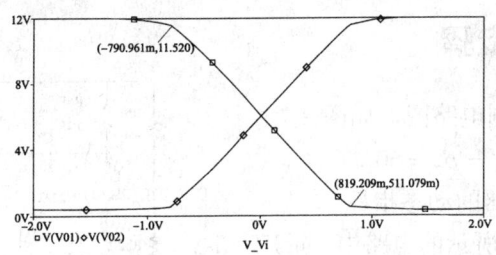

图 3.6.7　电压传输特性

将以上测试结果列入表 3.6.1 中。

表 3.6.1　测试结果

差模双入双出	差模单入单出	共模单端输出
A_{Vd}=-49.4	A_{Vd1}=24.3	A_{VC1}=-2.97×10⁻³
R_{id}=989Ω	R_{id}=502Ω	R_{iC}=255Ω
R_{od}=19.7 kΩ	R_{od}=9.9 kΩ	R_{oC}=9.91 kΩ

四、实验报告

1．保存并打印出实验电路及各实验数据及波形图，将差动放大器的测试结果以列表的形式给出。

2．计算电路的共模抑制比 CMRR 的大小，说明恒流源的作用。

五、思考题

1．是否可以用瞬态分析的方法来测试电路的电压放大倍数？哪种方法更简单些？

2．单端输出时的差模电压放大倍数什么情况下为正，什么情况下为负？

实验 7　负反馈放大器

一、实验目的

1．研究负反馈对放大器性能的改善。
2．学习负反馈放大器技术指标的测试方法。

二、实验器材

三极管（在 EVAL 库中）；电阻、电容（在 ANALOG 库中）；直流电压源、正弦电压源（在 SOURCE 库中）。

三、实验内容及步骤

1. 用 Capture 绘制电路图，如图 3.7.1 所示。设置三极管的 $\beta_1 = \beta_2 = 60$。
2. 测试开环放大器的动态指标

（1）在如图 3.7.1 所示的电路中，断开反馈电阻 R_f 与晶体管 Q_1 发射极的连线，并将 R_f 与负载电阻 R_L 并联（考虑开环后反馈网络对基本放大器的负载作用）。

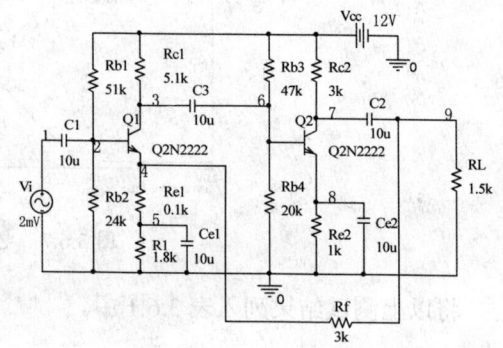

图 3.7.1 反馈放大器

输入信号 V_i 选正弦源，设置参数为：$V_{AMPL}=2mV$，$F_{REQ}=1k\Omega$，$AC=2mV$（为进行交流分析作准备）。

（2）测量 A_V：进行瞬态分析，在 Probe 窗口得到输入输出波形如图 3.7.1 所示，启动标尺，测出输出幅度 V（9），计算 $A_V=V$（9）/ V_i 填入表 3.7.1 中。

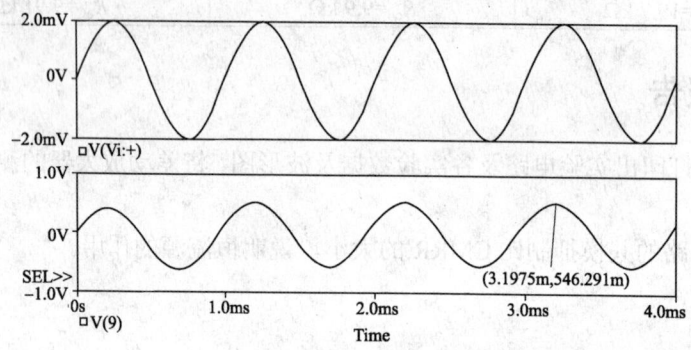

图 3.7.2 开环时的输入输出波形

（3）测量 f_L、f_H：进行交流分析，在 Probe 窗口将输出变量设置为"V（9）"，得到如图 3.7.3（a）所示的幅频特性。启动标尺，在中频区，测得 V（9）幅度，可算出中频电压放大倍数 A_{VM}。同时可用标尺测得 f_L 和 f_H 的值，填入表 3.7.2 中。

（4）测量输入电阻 R_i：进行交流分析，执行 Trace/Add Trace 命令后，键入 V（Vi：+）/I（C_1）"，波形如图 3.7.3（b）所示。启动标尺，在频率=10kHz 处，读得输入电阻 $R_i \approx 4k\Omega$，填入表 3.7.1 中。

（5）测量输出电阻 R_o：将电路输入端短路，负载电阻开路，在输出端加信号源 V_o。进行交流分析，执行 Trace/Add Trace 命令后，键入"V（Vo：+）/I（Vo）"，波形如图 3.7.3(c) 所示。启动标尺，在频率=10kHz 处，读得输出电阻 $R_o \approx 1.4\ k\Omega$，填入表 3.7.1 中。

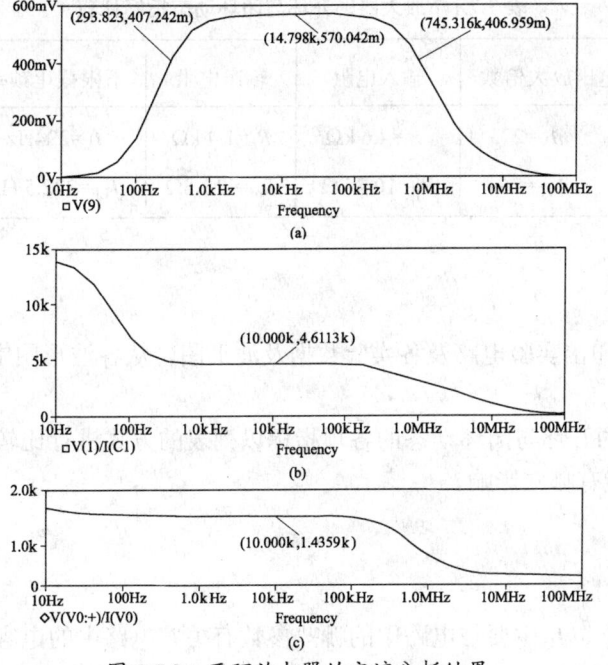

图 3.7.3　开环放大器的交流分析结果

3. 测量闭环放大器的动态指标

在电路中接入反馈电阻 R_f，如图 3.7.1 所示。重复上述交流分析步骤，得到与图 3.7.3 对应的分析结果如图 3.7.4 所示，在各波形图中应用标尺，可测得 A_{VF}、f_{LF}、f_{HF}、R_{iF}、R_{oF}。

将测得的闭环放大器的各指标列于表 3.7.1 中。

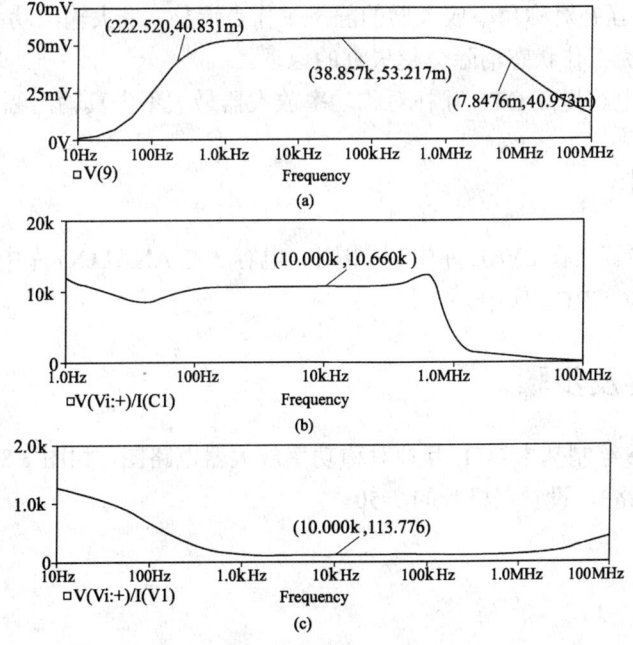

图 3.7.4　闭环放大器的分析结果

表 3.7.1　放大器的开环与闭环动态指标比较

	电压放大倍数	输入电阻	输出电阻	下限截止频率	上限截止频率
开环放大器	A_V=273	R_i=4.6 kΩ	R_o=1.4 kΩ	f_L=294Hz	f_H=745kHz
闭环放大器	A_{VF}=26.6	R_{if}=10.7 kΩ	R_{of}=113.8Ω	f_{LF}=222.5 Hz	f_{HF}=7.8M Hz

四、实验报告

1. 保存并打印出实验电路及各实验数据及波形图，从各波形图中计算或提取 A_V、f_H、f_L、R_i、R_o 值。
2. 将放大器的开环与闭环动态的各项指标以列表的方式进行比较，说明电压串联负反馈对放大器性能有哪些影响。

五、思考题

1. 电路的 f_H、f_L 主要与电路中的哪些参数有关？电路中的电容 C_L 起什么作用？
2. 什么是反馈深度？负反馈放大器性能改善的程度与反馈深度有何关系？

实验 8　OTL 功率放大器

一、实验目的

1. 学习 OTL 互补对称功率放大器的静态工作点调整，最大输出功率、效率的测试。
2. 熟悉甲乙类工作状态消除交越失真的原理。
3. 了解自举电路提高 OTL 互补对称功率放大器最大不失真输出幅度的原理。

二、实验器材

三极管、二极管（在 EVAL 库中）；电阻、电容（在 ANALOG 库中）；直流电压源、正弦电压源（在 SOURCE 库中）。

三、实验内容及步骤

1. 用 Capture 绘制基本 OTL 互补对称功率放大器电路图，如图 3.8.1 所示（电容 C_3 开路，电阻 R_2 短路）。设置三极管的 β=50。

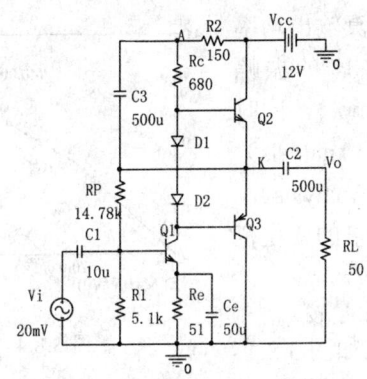

图 3.8.1 OTL 互补对称功率放大器

2．调试电路，使静态时 $V_K=V_{CC}/2$。

（1）输入信号 V_i 选正弦电压源，并将其振幅 VAMP 设置成 0。

（2）将 R_P 设置成全局变量｛R_P｝，对电路同时进行瞬态特性分析（Transient Analysis）和参数扫描分析（Parametric Analysis）。"扫描变量"选为 R_P，变量的变化范围：12～16kΩ，步长为 0.4kΩ。

（3）运行 PSpice，在 Probe 窗口中执行电路性能分析命令，得到如图 3.8.2 所示的分析结果，可见当 $R_P=14.7$kΩ时，$V_K=V_{CC}/2=6$V。

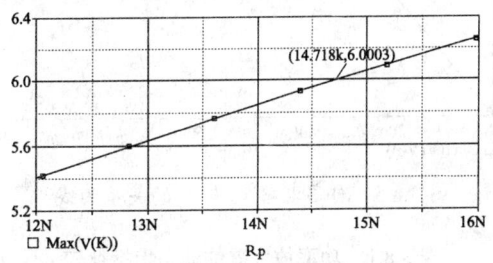

图 3.8.2 V_K 与 R_P 的关系曲线

3．求 $V_i=20$mV 时的输出电压和输出功率

（1）将输入信号 V_i 设置为：VAMPL（振幅）=20mV，FREQ=1kHz。

（2）进行瞬态分析，在 Probe 窗口得到输入输出波形如图 3.8.3 所示，启动标尺，测出输出幅度 V_o，计算输出功率 P_o 填入表 3.8.1 中。

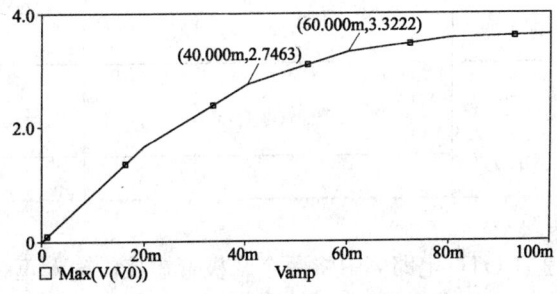

图 3.8.3 输入输出波形

4．测量电路的最大不失真输出功率

（1）将输入正弦信号 V_i 的振幅 VAMLP 设置成全局变量{ Vamp }，同时进行瞬态特性分析（Transient Analysis）和参数扫描分析（Parametric Analysis）。"扫描变量"选为 Vamp，变量的变化范围：0～100mV，步长为 20mV。

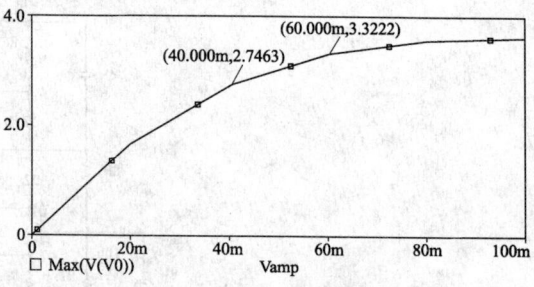

图 3.8.4　V_o 与 V_i 的关系曲线

（2）运行 PSpice，在 Probe 窗口中执行电路性能分析命令，得到如图 3.8.4 所示的分析结果，可见在 V_o（振幅）≈3.32V 时，进入非线性区，即 V_{om}≈3.32V，计算 P_{om} 填入表 3.8.1 中。

5．测量自举电路的最大不失真输出功率

将电路改接成自举电路（将电容 C_3 和电阻 R_2 接入）如图 3.8.1 所示，重复内容 4 的步骤，得到如图 3.8.5 所示的分析结果，可见在 V_o（振幅）≈5.73V 时，进入非线性区，即 V_{om}≈5.73V，计算 P_{om} 填入表 3.8.1 中。

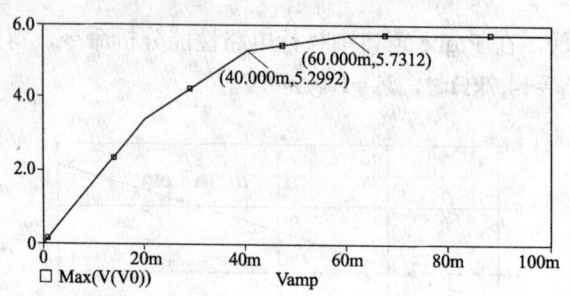

图 3.8.5　自举电路 V_o 与 V_i 的关系曲线

表 3.8.1　功率放大器的动态指标比较

基本 OTL 电路 V_i=20mV	V_{om}（振幅）	$P_o = \dfrac{V_{om}^2}{2R_L}$
基本 OTL 电路 最大不失真输出情况	V_{om}（振幅）	$P_{om} = \dfrac{V_{om}^2}{2R_L}$
自举电路 最大不失真输出情况	V_{om}（振幅）	$P_{om} = \dfrac{V_{om}^2}{2R_L}$

6．观察交越失真

在自举电路（或基本 OTL 电路）中将两个二极管短接，输入正弦信号，进行瞬态特性分析，观察到的输出波形如图 3.8.6 所示，可见出现了明显的交越失真。

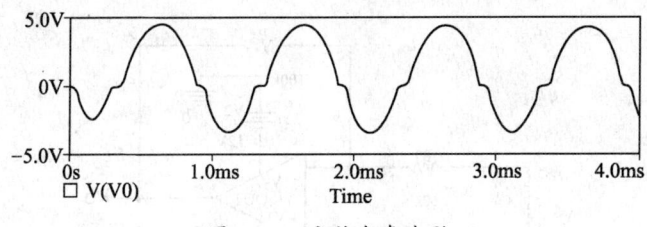

图 3.8.6 交越失真波形

四、实验报告

1. 保存并打印出实验电路及各实验数据及波形图,从各波形图中计算或提取表 3.8.1 所要求填写的值。

2. 将自举电路与基本 OTL 电路的动态指标进行比较,说明自举电路的作用。

五、思考题

1. 电路的最大不失真输出电压幅度主要与电路中的哪些参数有关?
2. 电路中二极管 D_1、D_2 有什么作用?电路中 C_2 的作用是什么?

实验 9　集成运算放大器组成的基本运算电路

一、实验目的

1. 学习用集成运算放大器组成基本运算电路的方法。
2. 学习比例运算、加法运算、减法运算,积分运算电路的调整与测试。

二、实验器材

运算放大器 μA741(在 EVAL 库中);电阻、电容(在 ANALOG 库中);直流电压源、分段线性源(PWL)、正弦电压源(在 SOURCE 库中)。

三、实验内容及步骤

1. 测试反相比例运算电路

(1) 用 Capture 绘制电路图,如图 3.9.1 所示,在输入端加入直流信号 $V_i=1V$。

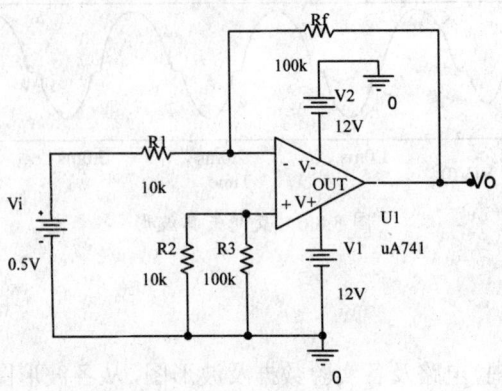

图 3.9.1　反相比例运算电路图

(2) 对电路进行直流扫描分析（DC SWEEP）。设置变量 V_i，变化范围：0～1.4V，步长 0.2V。

(3) 运行 PSpice，在 Probe 窗口中，执行 Trace/Add Trace 命令，在 Add Trace 对话框中，用光标点中 V（Vo），即显示出输出波形如图 3.9.2 所示。

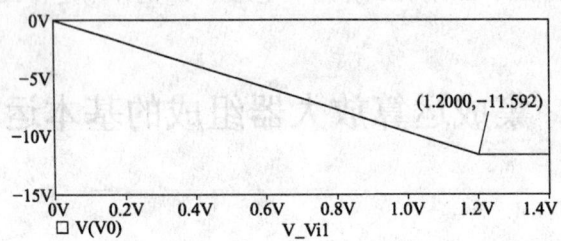

图 3.9.2　反相比例运算电路波形图

2. 测试反相加法器

(1) 用 Capture 绘制电路图，如图 3.9.3 所示，在输入端加入直流信号 V_{i1}=0.5V，V_{i2}=0.2V。

(2) 选择直流扫描分析（DC SWEEP），将 V_{i2} 设置为变量（V_{i1} 保持不变）。设置变量 V_{i2} 变化范围：-1.5V～+1.5V，步长 0.2V。

(3) 运行 PSpice，在 Probe 窗口中，执行 Trace/Add Trace 命令，在 Add Trace 对话框中，用光标点中 V（Vo），即显示出输出波形如图 3.9.4 所示。

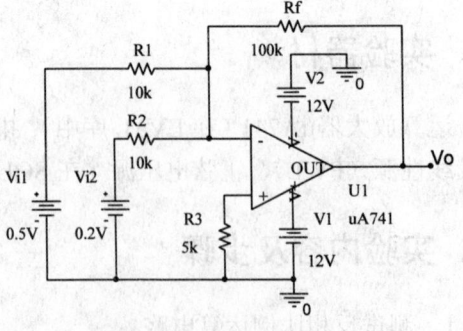

图 3.9.3　反相加法器电路图

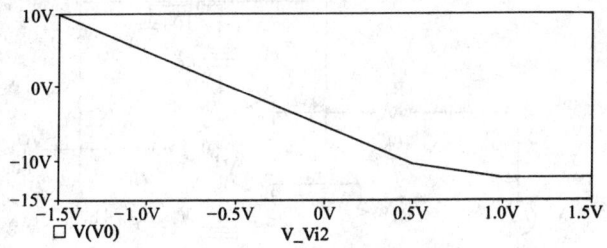

图 3.9.4　反相加法器输出波形图

3．测试减法器

（1）用 Capture 绘制电路如图 3.9.5 所示，在输入端加入直流信号 $V_{i1}=0.5V$，$V_{i2}=0.2V$。

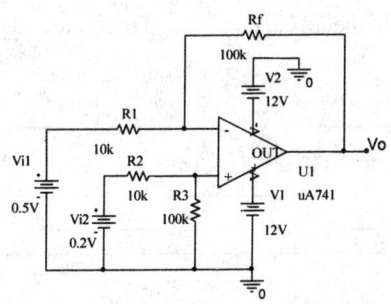

图 3.9.5　减法器电路图

（2）选择直流扫描分析（DC SWEEP），将 V_{i2} 设置为变量（V_{i1} 保持不变）。设置变量 V_{i2} 变化范围：-1.5V～+1.5V，步长 0.2V。

（3）运行 PSpice，在 Probe 窗口中，执行 Trace/Add Trace 命令，在 Add Trace 对话框中，用光标点中 V（Vo），即显示出输出波形如图 3.9.6 所示。

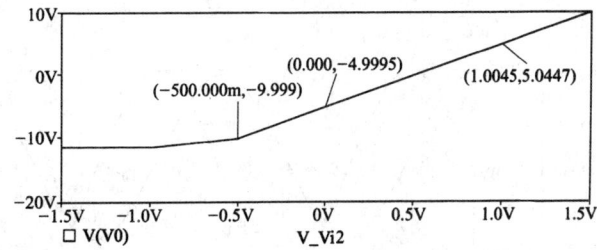

图 3.9.6　减法器输出波形图

4．测试反相积分器

（1）用 Capture 绘制电路如图 3.9.7 所示，在输入端加入阶跃电压 V_i。

阶跃信号用分段线性源实现。在库中调出分段线性源（PWL），参数设置为：$T_1=0s$，$V_1=0V$；$T_2=1s$，$V_2=0V$；$T_3=0.001s$，$V_3=-0.5V$。

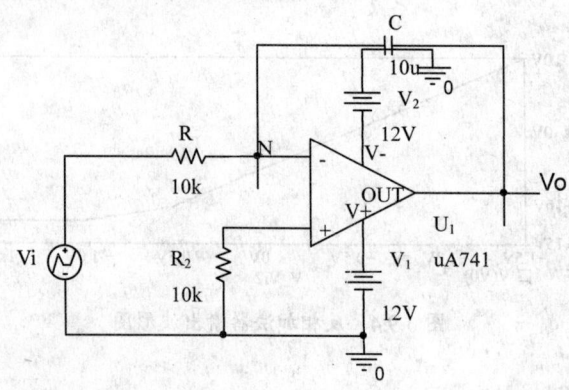

图 3.9.7　积分器电路图

（2）选择瞬态分析，分析时间设置为：0～5s；步长：0.01s。

（3）运行 PSpice，在 Probe 窗口中，执行 Trace/Add Trace 命令，即可看到输入输出波形如图 3.9.8 所示。

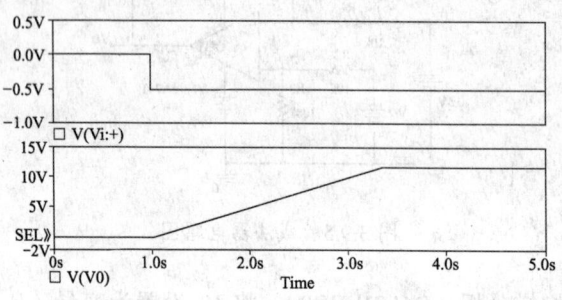

图 3.9.8　积分器的输入输出波形图

（4）给积分器输入正弦信号：V_{AMPL}（振幅）=1V，F_{REQ} = 100Hz。进行瞬态分析，在 Probe 窗口得到输入输出波形如图 3.9.9 所示，可见两波形相位相差 90°，即输入为正弦时输出为余弦。

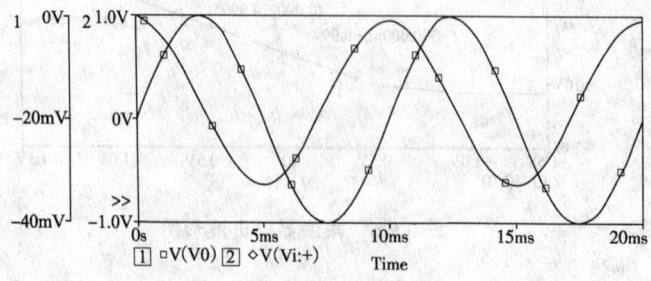

图 3.9.9　积分器输入正弦信号时的波形图

四、实验报告

1. 保存并打印出各个实验电路、实验数据和波形图，分析总结各运算电路输出与输入的关系。
2. 将实验结果与理论值比较，分析误差产生的原因。

五、思考题

1. 对于比例、加法、减法电路，如果输入信号加一不变的直流电压，怎样测出输出电压？应选择 PSpice 中的哪种电路特性分析？
2. 图 3.9.1 中的电阻 R_2、R_3 在电路中起什么作用？
3. 集成运算放大电路能放大直流信号吗？为什么？

实验 10　集成运算放大器的非线性应用

一、实验目的

1. 掌握迟滞比较器、方波发生器和限幅器的测试方法。了解运算放大器在非线性应用中的工作特点。
2. 学习用 PSpice 分析电路"滞回"特性的方法。

二、实验器材

运算放大器μA741、稳压管（在 EVAL 库中）；电阻、电容（在 ANALOG 库中）；直流电压源、分段线性源（PWL）、正弦电压源（在 SOURCE 库中）。

三、实验内容及步骤

1. 测试迟滞比较器

（1）用 Capture 绘制电路图，如图 3.10.1 所示，将稳压管 D_1、D_2 的稳压值 V_Z 设置为 6V。

（2）在输入端加入三角波信号。三角波信号可用分段线性源实现：在库中调出分段线性源（PWL），参数设置为：$T_1=0s$，$V_1=-6V$；$T_2=1s$，$V_2=6V$；$T_3=2s$，$V_3=-6V$；$T_4=3s$，$V_4=6V$；$T_5=4s$，$V_5=-6V$。可得如图 3.10.2 所示的三角波信号。

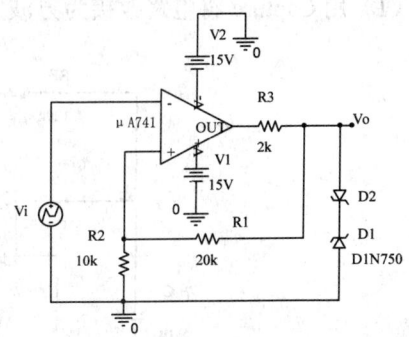

图 3.10.1　迟滞比较器电路

（3）分析输入输出波形：进行瞬态分析，在 Probe 窗口得到输入输出波形如图 3.10.2 所示。

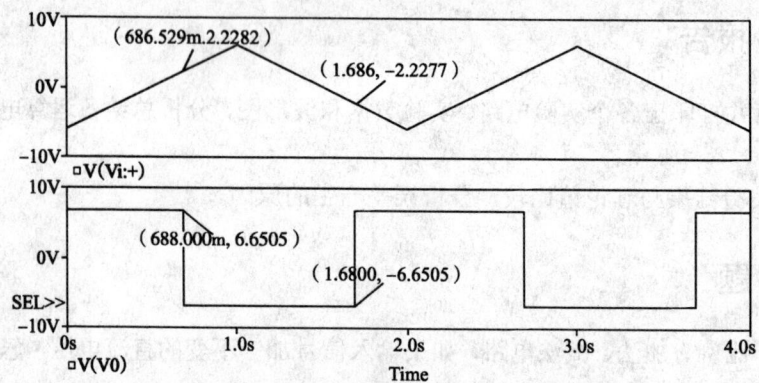

图 3.10.2　迟滞比较器的输入输出波形

（4）作电路具有迟滞回环的传输特性：在瞬态分析后，将 X 轴变量改为 V(V_i:+)，即可得到如图 3.10.3 所示的具有迟滞回环的传输特性，可以看出两个门限电压分别为 V_+=2V，V_-=-2V。

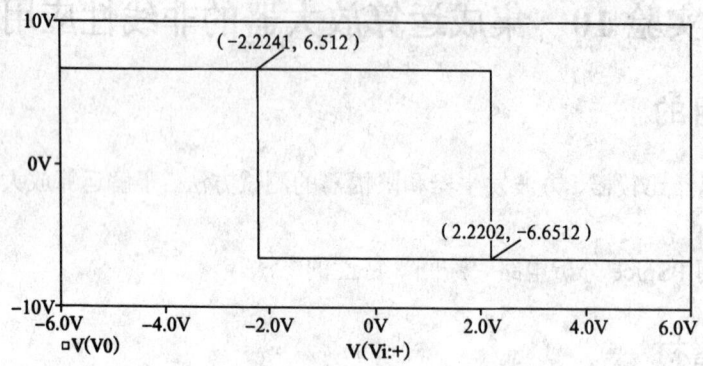

图 3.10.3　迟滞比较器的传输特性

2．测试方波发生器

（1）用 Capture 将电路改接为方波发生器，如图 3.10.4 所示。

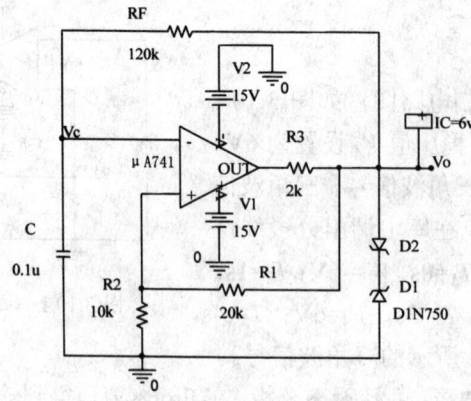

图 3.10.4　方波发生器

（2）为了便于起振，给 V_o 设置初值 V_o=+6V。从元件符号库 SPECIAL 中调出 IC1

符号，放置到输出端 V_o 处，双击之，在其参数设置框中的 VALUE 项中键入 6V，如图 3.10.4 所示。

（3）进行瞬态分析，时间范围：0～50ms，时间步长：1ms。

（4）运行 PSpice，在 Probe 窗口中，执行 Trace/Add Trace 命令，即可看到 V_C、V_o 波形，如图 3.10.5 所示。启动标尺，测量出输出方波的周期和频率。

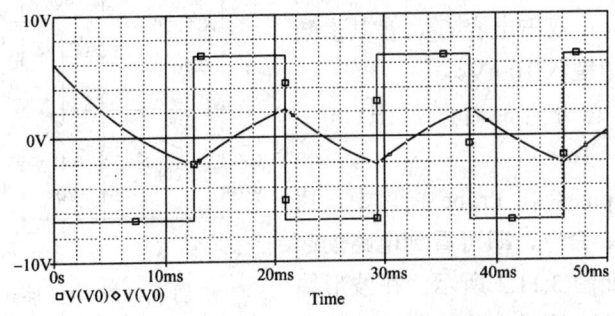

图 3.10.5 方波发生器的波形图

四、实验报告

1．保存并打印出各个实验电路、实验数据和波形图，分析总结集成运放非线性应用的特点。

2．将实验结果与理论值比较，分析误差产生的原因。

五、思考题

1．如何改变图 3.10.4 电路的输出频率和幅值？

2．在图 3.10.4 的方波发生器电路中为什么要给 V_o 设置初值，而实际电路却不用？

实验 11　RC 正弦波振荡器

一、实验目的

1．进一步掌握 RC 桥式振荡器及选频放大器的工作原理。

2．学习振荡电路的调试与测量方法。

二、实验器材

运算放大器μA741、二极管（在 EVAL 库中）；电阻、电容（在 ANALOG 库中）；直流电压源（在 SOURCE 库中）；正弦电压源（在 SOURCE 库中）。

三、实验内容及步骤

1．RC 桥式振荡器

（1）用 Capture 绘制电路图，如图 3.11.1 所示。

（2）为了便于起振，给电容 C_2 设置初值 $V_{C2}=10\text{mV}$，方法为：双击电容 C_2，在其参数设置框中的 IC 项中键入 10mV。

（3）进行瞬态分析，时间范围：0～200ms，时间步长：1ms。

（4）运行 PSpice，在 Probe 窗口中，执行 Trace/Add Trace 命令，即可看到电路的起振过程及 V_o 波形如图 3.11.2 所示。在波形幅度稳定后，启动标尺，测量出输出正弦波的周期和频率。

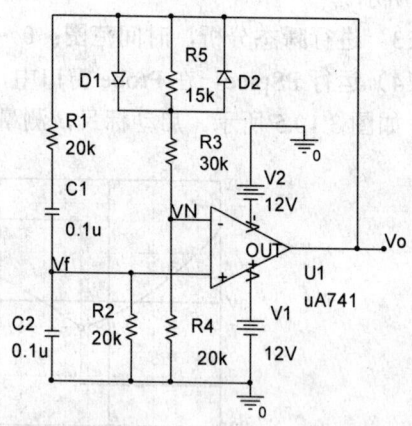

图 3.11.1　RC 桥式振荡器

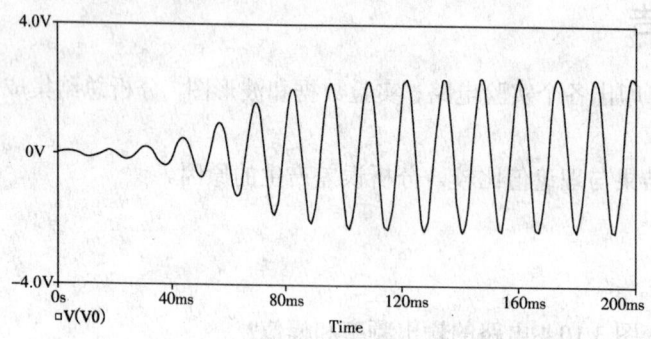

图 3.11.2　RC 桥式振荡器的输出波形图

（5）改变反馈电阻 R_3，重复以上步骤，体会放大器的放大倍数大小对起振过程的影响。

（6）在图 3.11.1 电路中去掉两个二极管，对电路进行瞬态分析，查看输出波形，体会二极管稳幅环节的作用。

2．测量选频放大器的频率特性

将图 3.11.1 中的正反馈网络断开，使之成为选频放大器如图 3.11.3 所示。输入信号 $V_i=4\text{V}$（注意用交流电压源，不要用正弦源），进行交流分析，分析结果如图 3.11.4 所示。

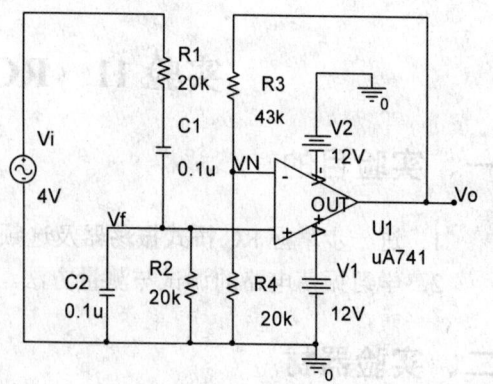

图 3.11.3　选频放大器

四、实验报告

1. 保存并打印出各个实验电路、实验数据和波形图,分析总结 RC 桥式振荡器产生振荡的相位条件和振幅条件。
2. 将实测值与理论值比较,分析误差产生的原因。

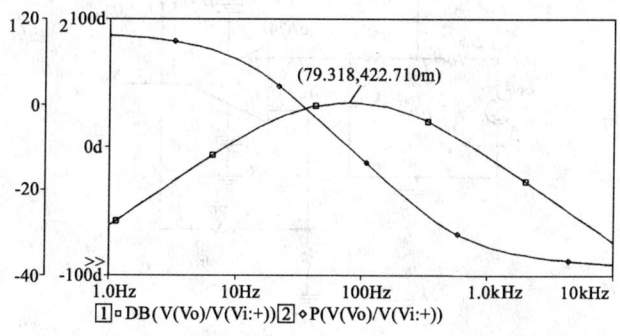

图 3.11.4　选频放大器的频率特性

五、思考题

1. 简述二极管稳幅环节的稳幅原理。
2. 为什么要给电容 C_2 设置初值,而实际电路却不用?

实验 12　有源滤波器

一、实验目的

1. 学习有源滤波器的构成方法及其特性。
2. 学习有源滤波器幅频特性的测量方法。

二、实验器材

运算放大器μA741、二极管(在 EVAL 库中);电阻、电容(在 ANALOG 库中);直流电压源(在 SOURCE 库中);正弦电压源(在 SOURCE 库中)。

三、实验内容及步骤

1. 低通滤波器

(1) 用 Capture 绘制电路图,如图 3.12.1 所示。
(2) 输入端接入交流电压源 V_i=2V,注意不要用正弦源。
(3) 进行交流分析。执行 Trace/Add Trace 命令后,在 "Trace Expression" 文本框

中键入"DB(V(V$_o$)/V(Vi:+))",得到如图 3.12.2 所示的电压增益的幅频特性。

(4)启动标尺测出电路的通带增益 $A_o \approx$ 4.8dB,截止频率为 $f_H \approx 864$Hz。

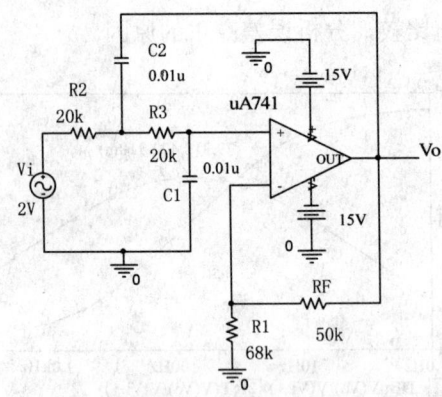

图 3.12.1 低通滤波器

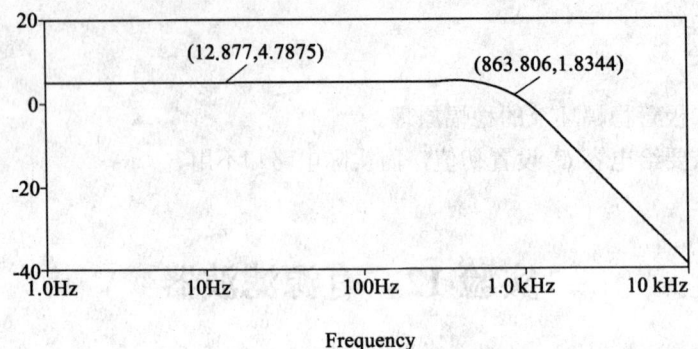

图 3.12.2 低通滤波器的幅频特性

2. 高通滤波器

(1)用 Capture 绘制电路图如图 3.12.3 所示。

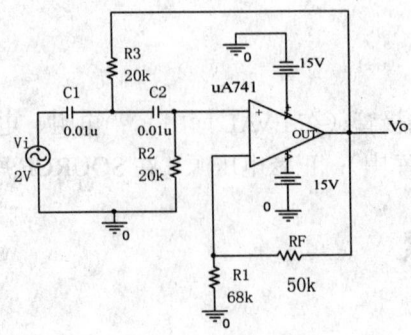

图 3.12.3 高通滤波器

(2)进行交流扫描分析,作电压增益的幅频特性,如图 3.12.4 所示,启动标尺测出电路的通带增益 $A_o \approx 4.8$dB,截止频率为 $f_L = 739$Hz。

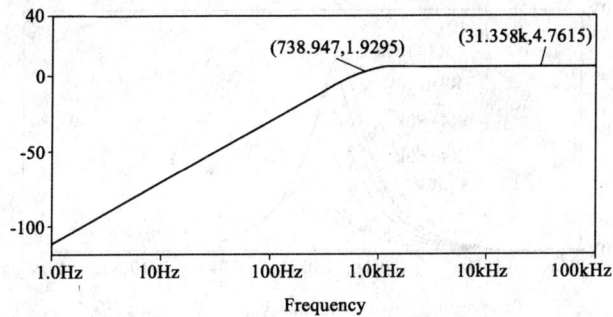

图 3.12.4 高通滤波器的幅频特性

3. 带通滤波器

（1）用 Capture 绘制电路图，如图 3.12.5 所示。

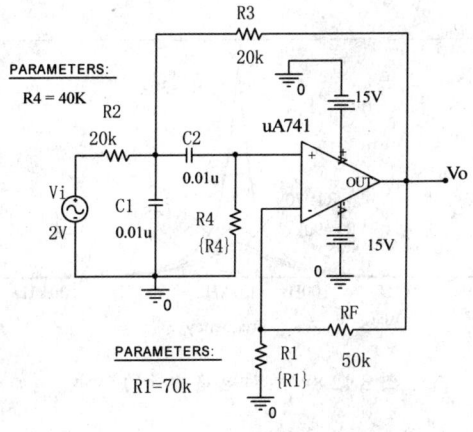

图 3.12.5 带通滤波器

（2）进行交流扫描分析，作电压增益的幅频特性如图 3.12.6 所示，启动标尺测出电路的中心频率 $f_0 \approx 801\text{Hz}$。

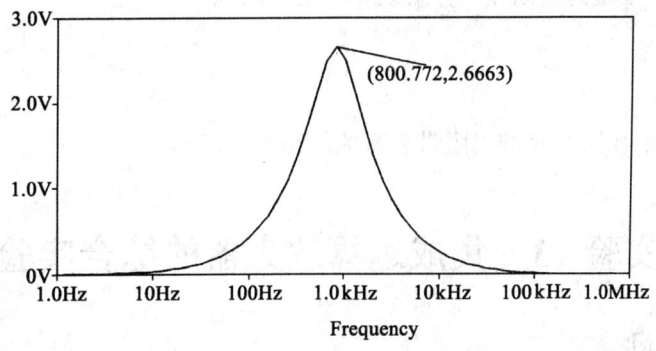

图 3.12.6 带通滤波器的幅频特性

（3）分析电阻 R_4 对中心频率 f_0 的影响：将 R_4 设置为全局参数，对电路进行参数扫描分析（参数的变化范围：30k～150k，步长：30k）。分析结果如图 3.12.7 所示。

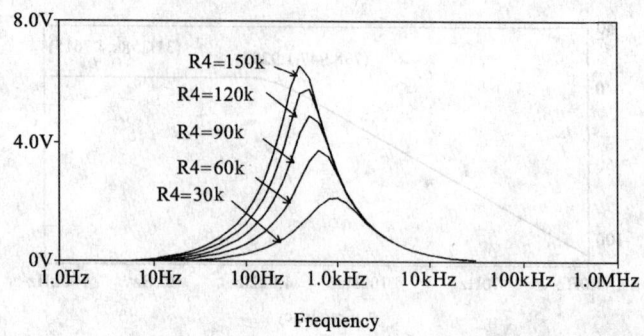

图 3.12.7　R_4 对中心频率 f_0 的影响

（4）分析电阻 R_1 对电路指标的影响：将 R_1 设置为全局参数，对电路进行参数扫描分析（参数的变化范围：30k～90k，步长为 20k）。分析结果如图 3.12.8 所示。

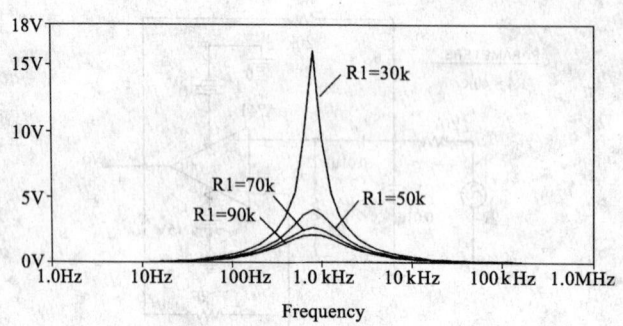

图 3.12.8　R_1 对电路指标的影响

四、实验报告

1. 保存并打印出各个实验电路、实验数据和波形图，分析总结用集成运放组成有源滤波电路的结构特点。
2. 将实测值与理论值比较，分析误差产生的原因。

五、思考题

从图 3.12.2 中能用标尺测出阻带衰减的斜率吗？怎样测？

实验 13　集成运算放大器的综合实验

一、实验目的

进一步掌握集成运算放大器在波形产生中的应用，掌握波形转换原理及其性能指标的测试方法。

二、实验器材

运算放大器μA741、稳压管、二极管（在 EVAL 库中）；电阻、电容（在 ANALOG 库中）。

三、实验内容及步骤

1. 方波、三角波、正弦波发生器

（1）用 Capture 绘制电路图，如图 3.13.1 所示，将稳压管 D_1、D_2 的稳压值 V_Z 设置为 6V。

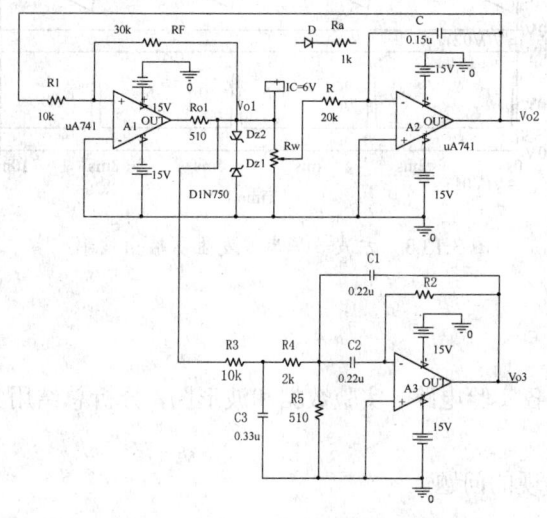

图 3.13.1 方波—三角波发生器

（2）为了便于起振，给 V_{o1} 设置初值 V_{o1}=+6V，方法为：从元件符号库 SPECIAL 中调出 IC1 符号，放置到输出端 V_{o1} 处。然后双击之，在其参数设置框中的 VALUE 项中键入 6V。

（3）将电位器 R_W 的滑动端调到中点（即设置参数 SET=0.5）。

（4）进行瞬态分析，时间范围：0～10ms，时间步长：0.1ms。

（5）运行 PSpice，在 Probe 窗口中，执行 Trace/Add Trace 命令，即可看到电路输出端 V_{o1}、V_{o2}、V_{o3} 的波形如图 3.13.2 所示。

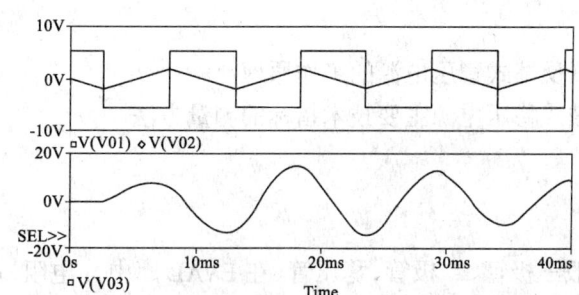

图 3.13.2 输出端 V_{o1}、V_{o2}、V_{o3} 的波形

（6）启动标尺，测量出输出波形的周期。

（7）改变电位器 R_W 的滑动端（即改变参数 SET），观察输出波形的变化。

2．方波—锯齿波发生器

（1）在图 3.13.1 电路中，将 D、R_a 串联支路并在 R 两端，去掉运放 A_3 组成的滤波电路，即得到方波—锯齿波发生器。

（2）重复方波—三角波发生器实验相应的实验步骤。观看输出端 V_{o1}、V_{o2} 的波形如图 3.13.3 所示。

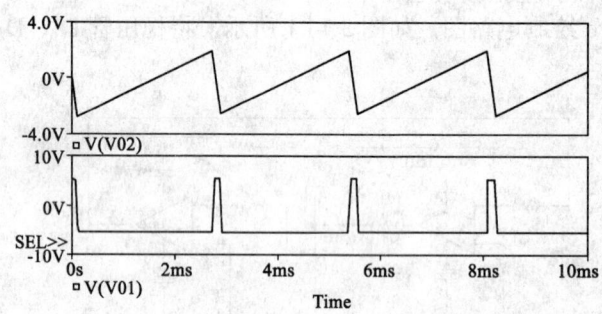

图 3.13.3　方波—锯齿波发生器输出波形

四、实验报告

1．保存并打印出各实验电路、实验数据和波形图，分析总结用集成运放组成各种波形发生器的结构特点。

2．讨论实验中出现的问题。

五、思考题

怎样将一个正弦波变换成方波，再变换成三角波？

实验 14　串联反馈式稳压电源

一、实验目的

1．加深理解串联反馈式稳压电源的工作原理。
2．学习串联反馈式稳压电源主要技术指标的测量方法。

二、实验器材

功率三极管、一般三极管、二极管、稳压管（在 EVAL 库中）；电阻、电容（在 ANALOG 库中）；正弦电压源（在 SOURCE 库中）。

三、实验内容及步骤

1. 用 Capture 绘制电路图，如图 3.14.1 所示，设置好各节点名。将输入正弦信号源设置为：$V_{OFF}=0$，V_{AMPL}（振幅）=24V，F_{REQ}（频率）=50Hz。

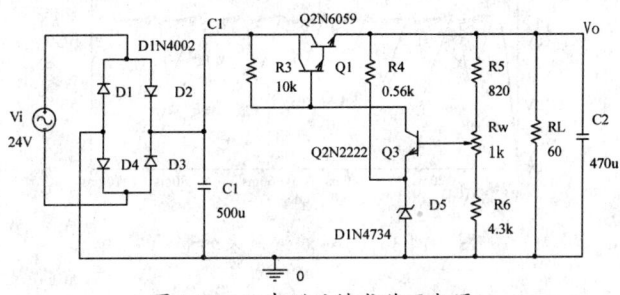

图 3.14.1　串联反馈式稳压电源

2．观看电路中各电压电流的波形

（1）选择瞬态分析，时间范围：0～100ms，时间步长：1ms。

（2）运行 PSpice 后，在 Probe 窗口中执行 Trace/Add Trace 命令，即可看到我们所关心的各电压电流的波形，如图 3.14.2 所示。

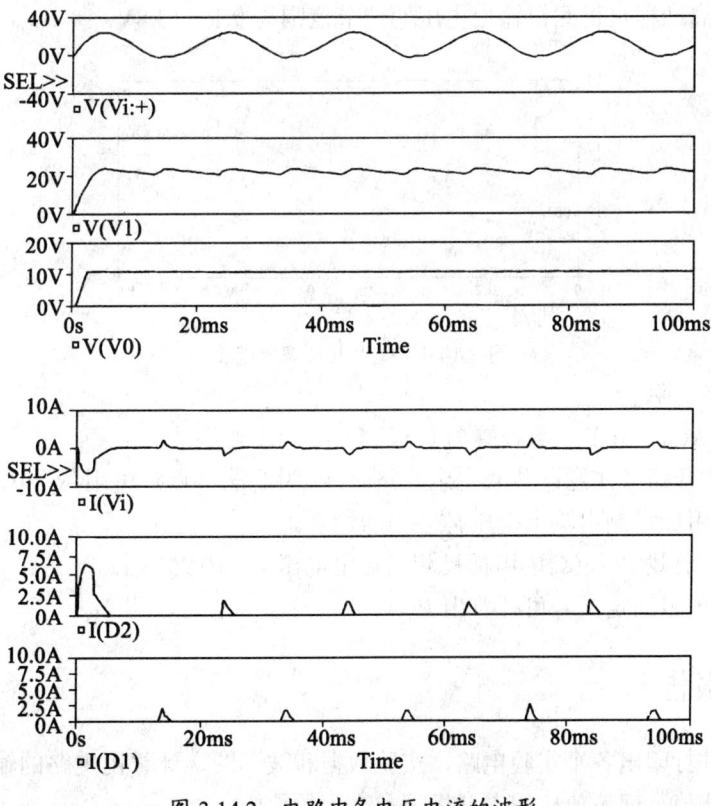

图 3.14.2　电路中各电压电流的波形

3．观察滤波电容容量对滤波效果的影响

将电容 C_1 设置为全局变量，同时进行瞬态分析和参数扫描分析。变量变化范围：100μF～1600μF，步长：500μF。仿真后观察到的 V_{C_1} 波形如图 3.14.3 所示。

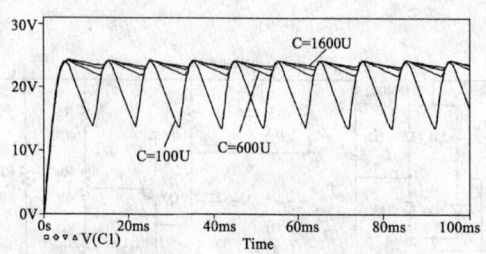

图 3.14.3　C_1 对滤波效果的影响

4．测输出电压调节范围

（1）将电位器 R_W 的 SET 参数（滑动触点位置）设置为全局变量，同时进行瞬态分析和参数扫描分析。变量变化范围：0～1，步长：0.2。

（2）仿真后，在 Probe 窗口下，执行 Trace/Performance Analysis 命令，在 Add Trace 对话框中先在右边的列表栏中用光标点 MAX ()，再在右边点 V（V_o），底部的文本框显示 MAX(V（V_o）)，然后点 OK 按钮，就显示出输出电压随 SET 的变化关系曲线，如图 3.14.4 所示。启动标尺可测得输出电压的调节范围为 9.1～13.8V。

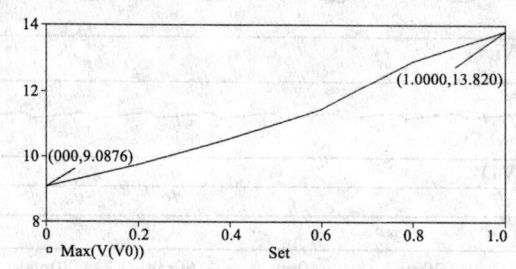

图 3.14.4　输出电压调节范围

5．测输出电阻

将电位器 R_W 的 SET 参数设置为 0.5。

（1）负载开路（注意：负载完全开路时 V_o 为非法节点，可用 R_L=1GΩ或更大来近似开路）时，用标尺测出输出电压 V_o' =10.973V。

（2）接入负载 R_L=60Ω，用标尺测出输出电压 V_o=10.957V。

根据输出电阻的定义，可计算出 R_o。

四、实验报告

1．保存并打印出各个实验电路、实验数据和波形图，计算出电路的输出电阻。
2．将实测值与理论值比较，分析误差产生的原因。

五、思考题

怎样测量电路的稳压系数和温度系数?设计一个方案试一试。

实验 15　集成门电路

一、实验目的

1. 熟悉集成门电路 74LS00、74LS86 的逻辑功能及测试方法。
2. 初步了解门电路的应用。

二、实验器材

集成与非门 7400、集成异或门 7486(在 EVAL 库中);时钟信号源(在 SOURCE 库中)。

三、实验内容及步骤

1. 测与非门的逻辑功能

(1)从器件库中调出 7400 的一个与非门,在与非门的两个输入端各加一个时钟信号源,设置好输入输出节点名,如图 3.15.1 所示。

(2)给时钟信号源设置参数:A 输入端时钟信号源 DSTM1 的参数设置为 OFFTIME=1us(即低电平时间为 1us),ONTIME=1us(即高电平时间为 1μs)。设置方法为:双击时钟信号源,屏幕上出现参数设置框,在 OFFTIME 栏中键入 1μs,在 ONTIME 栏中键入 1us。

用同样的方法将 B 输入端时钟信号源 DSTM2 的参数设置为 OFFTIME =0.5us,ONTIME=0.5us。

(3)选择瞬态分析。分析时间范围:0~5us,时间步长:0.01us。

(4)运行 PSpice 后,查看分析结果。在 Probe 窗口中,执行 Trace/Add Trace 命令,依次点选择 B、A、L,即可看到输入输出波形如图 3.15.1 所示。

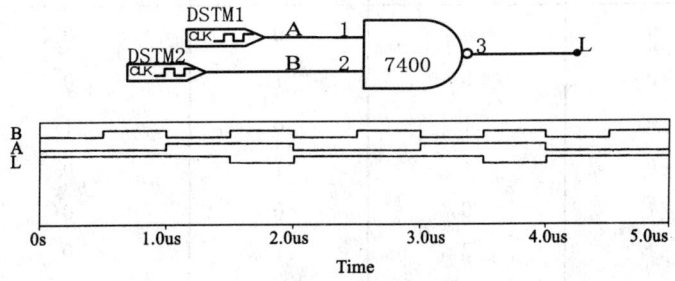

图 3.15.1　与非门及输入输出波形

2. 实现其他逻辑功能

（1）实现与门：按图 3.15.2 绘制电路，时钟信号源参数设置同上。重复上述分析过程，查看分析结果如图 3.15.2 所示。

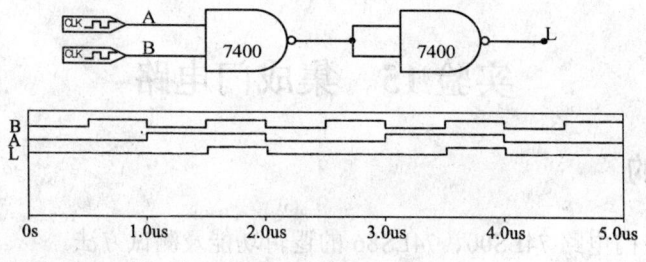

图 3.15.2　与非门组成的与门

（2）实现或门：按图 3.15.3 绘制电路，时钟信号源参数设置同上。重复上述分析过程，查看分析结果如图 3.15.3 所示。

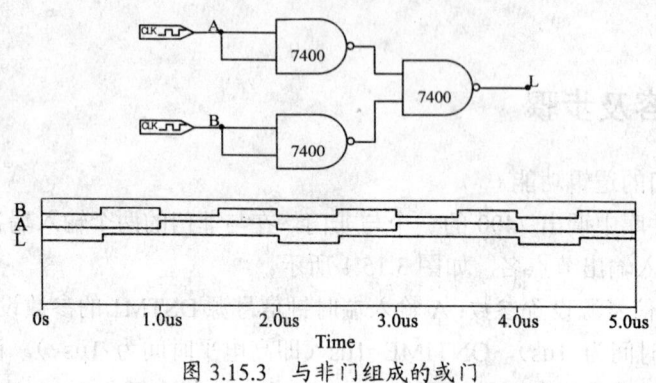

图 3.15.3　与非门组成的或门

3. 用 7400 设计组合逻辑电路

用 7400 设计一个能实现真值表 3.15.3 功能的组合逻辑电路。

表 3.15.3　真值表

输	入		输出
A	B	C	L
0	0	0	0
0	0	1	0
0	1	0	1
0	1	1	0
1	0	0	0
1	0	1	0
1	1	0	1
1	1	1	1

用卡诺图写出该电路的最简与非表达式：

$$L = \overline{\overline{AB} \cdot \overline{BC}}$$

用 7400 组成电路及分析结果如图 3.15.4 所示。

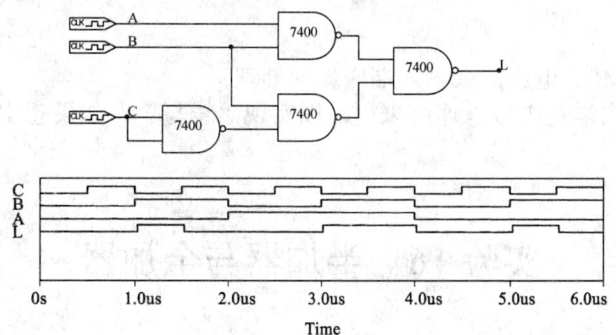

图 3.15.4　实现真值表 3.17.3 功能的组合逻辑电路及波形

4．测异或门的逻辑功能

（1）从器件库中调出 7486 的一个异或门，按照内容 1 "测与非门的逻辑功能" 的步骤进行测试，测试结果如图 3.15.5 所示。

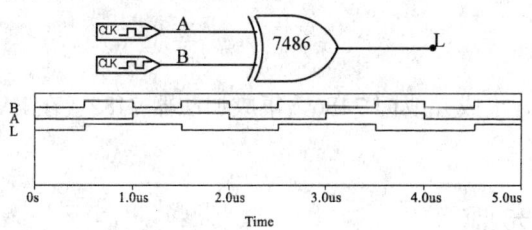

图 3.15.5　异或门及输入输出波形

（2）观察异或门对脉冲的控制作用。

① 在异或门的 A 输入端加脉冲信号，将 B 输入端接高电平。高电平符号的取用方法为：执行 Place/Groud 命令，在 SOURCE 库中取 "$D-HI" 符号，放置方法同放置元器件。进行瞬态分析，察看输入输出波形如图 3.15.6 所示。

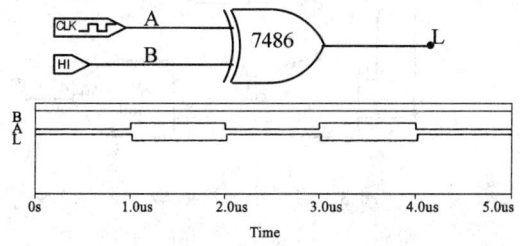

图 3.15.6　异或门对脉冲的控制作用

② 在异或门的 A 输入端加脉冲信号，将 B 输入端接低电平。低电平符号的取用方法同上，在 SOURCE 库中取 "$D-LO" 符号。进行瞬态分析，察看输入输出波形。

四、实验报告

1. 保存并打印出实验电路及各实验数据及波形图。
2. 总结异或门对脉冲的控制作用。

五、思考题

1. TTL 和 CMOS 电路多余输入端应如何处理？
2. 各门的输出端是否可以连起来用，以实现"线与"？如果想实现"线与"，应用什么门电路？

实验 16 半加器与全加器

一、实验目的

1. 验证半加器、全加器的逻辑功能。
2. 学习集成全加器的测试方法及使用方法。

二、实验器材

集成与非门 7400、集成异或门 7486、集成加法器 7482（在 EVAL 库中）；时钟信号源（在 SOURCE 库中）。

三、实验内容及步骤

1. 异或门和与非门组成的半加器

（1）从器件库中调出 7400 的两个与非门和 7486 的一个异或门组成半加器。在半加器两个输入端各加一个时钟信号源，设置好输入输出节点名，如图 3.16.1 所示。

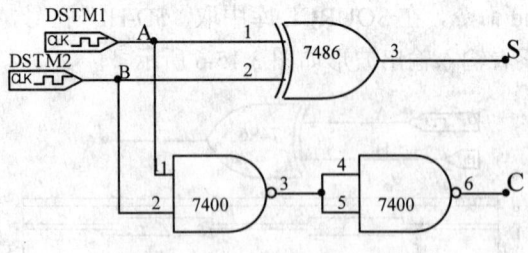

图 3.16.1 半加器电路

（2）给时钟信号源设置参数：A 输入端时钟信号源 DSTM1 的参数设置为 OFFTIME=1ms（即低电平时间为 1ms），ONTIME=1ms（即高电平时间为 1ms）。设置方法为：双击时钟信号源，屏幕上出现参数设置框，在 OFFTIME 栏中键入 1ms，在 ONTIME 栏中键入 1ms。

用同样的方法将 B 输入端时钟信号源 DSTM2 的参数设置为 OFFTIME =0.5ms，ONTIME=0.5ms 。

（3）选择瞬态分析。分析时间范围：0~5ms，时间步长：0.01ms。

（4）运行 PSpice 后，查看分析结果。在 Probe 窗口中，执行 Trace/Add Trace 命令，依次点选择 B、A、S、C，即可看到输入输出波形如图 3.16.2 所示。

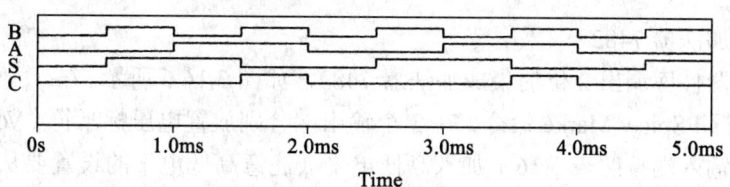

图 3.16.2　半加器输入输出波形

2．异或门和与非门组成的全加器

（1）按图 3.16.3 组成全加器电路。在全加器的三个输入端各加一个时钟信号源。

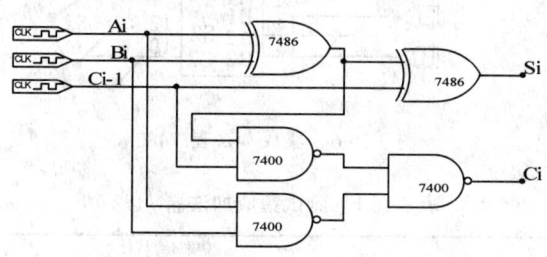

图 3.16.3　全加器电路

（2）给时钟信号源设置参数。A_i 为：OFFTIME =2ms，ONTIME=2ms；B_i 为 OFFTIME =1ms，ONTIME=1ms；C_{i-1} 为 OFFTIME =0.5ms，ONTIME=0.5ms。

（3）进行瞬态分析后，即可看到输入输出波形如图 3.16.4 所示。

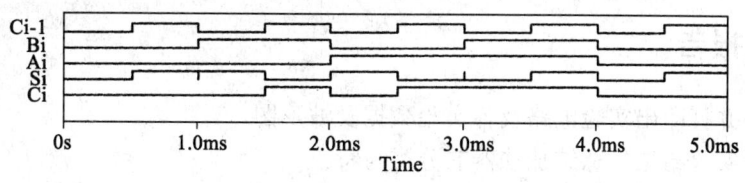

图 3.16.4　全加器输入输出波形

可见电路中出现了"竞争冒险"，在输出端 S_i 产生了两个很窄的干扰脉冲。

（4）消除"竞争冒险"：在输出端 S_i 并一小电容 C=20pF，重复以上步骤，输出波形如图 3.16.5 所示。

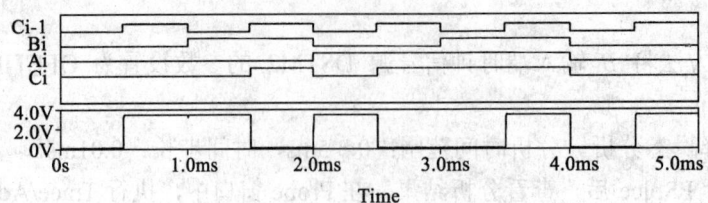

图 3.16.5 消除"竞争冒险"后的输入输出波形

3. 集成加法器 7482

（1）从器件库调出 2 位的集成加法器 7482，如图 3.16.6 所示。

（2）执行 PSpice/ Marke 命令，在 3 个输出端分别放置电压标示符 "Voltage Level"。

（3）在输入端按照表 3.16.1 加入高低电平（注意高低电平的设置要从 SOURCE 库中取 "$D-HI" 或 "$D-LO" 符号接入）。进行瞬态分析后，屏幕上会自动显示出三个输出电压的波形，点击标尺可直接读出高低电平值，填入表 3.16.1。

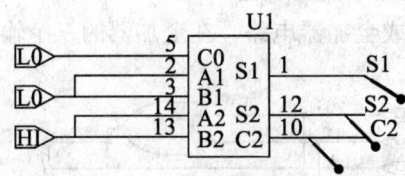

图 3.16.6 集成加法器 7482

表 3.16.1 测试集成加法器 7482

输	入			输	出	
A_2	A_1	B_2	B_1	C_2	S_2	S_1
0	1	0	1			
1	0	1	0			
1	0	1	1			
1	1	1	1			

四、实验报告

1. 保存并打印出实验电路及各实验数据及波形图。
2. 分析实验结果，总结加法器的分类与特点。

五、思考题

1. 图 3.16.3 电路中为什么会出现"竞争冒险"？除了在输出端加电容外还可用什么方法消除"竞争冒险"？
2. 如何用两片集成全加器 7482 组成 4 位加法器？

实验 17　译码器与数据选择器

一、实验目的

1．验证译码器与数据选择器的逻辑功能。
2．熟悉集成译码器与数据选择器的测试方法及使用方法。

二、实验器材

4 线—10 线 BCD 译码器 7442、8 选 1 数据选择器 74151（在 EVAL 库中）；时钟信号源（在 SOURCE 库中）。

三、实验内容及步骤

1．4 线—10 线 BCD 译码器
从器件库中调出 4 线—10 线 BCD 译码器 7442，在 4 个输入端各加一个时钟信号源，设置好输入输出节点名，如图 3.17.1 所示。

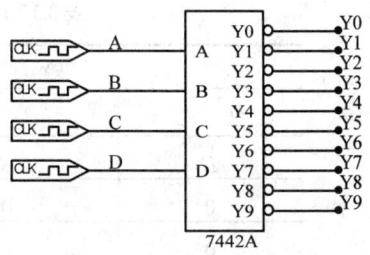

图 3.17.1　4 线—10 线 BCD 译码器

（2）给时钟信号源设置参数。A 为：OFFTIME =0.5ms，ONTIME=0.5ms；B 为 OFFTIME =1ms，ONTIME=1ms；C 为 OFFTIME =2ms，ONTIME=2ms；D 为 OFFTIME =4ms，ONTIME=4ms。

（3）选择瞬态分析。分析时间范围：0～8ms。

（4）运行 PSpice 后，查看分析结果。在 Probe 窗口中，执行 Trace/Add Trace 命令，依次点选 A、B、C、D、Y_0、Y_1 … Y_9，即可看到输入输出波形如图 3.17.2 所示。

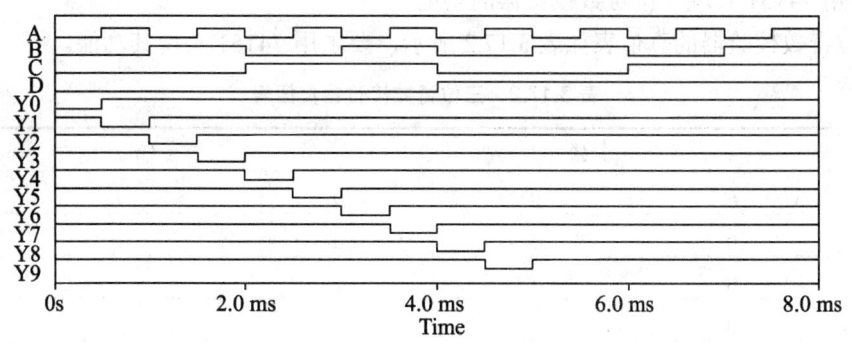

图 3.17.2　4 线—10 线 BCD 译码器波形图

2．8 选 1 数据选择器 74151 基本功能测试

（1）从器件库调出数据选择器 74151，按图 3.17.3 连接。设置好节点名。

（2）执行 PSpice/ Marke 命令，在输出端放置电压标示符"Voltage Level"。

（3）在输入端按照表 3.17.1 加入高低电平。进行瞬态分析后，屏幕上会自动显示出输出电压的波形,点击标尺可直接读出高低电平值,填入表 3.17.1。

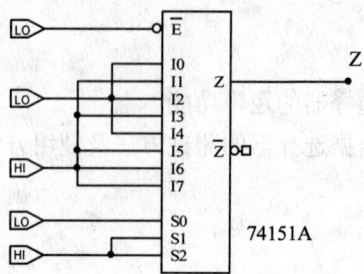

图 3.17.3 数据选择器 74151

表 3.17.1 测量数据选择器 74151 功能表

输 入				输 出
使 能	选 择			
E	S_2	S_1	S_0	Z
0	0	0	0	
0	0	0	1	
0	0	1	0	
0	0	1	1	
0	1	0	0	
0	1	0	1	
0	1	1	0	
0	1	1	1	

3. 用 74151 实现三位奇数校验器的功能

三位奇数校验器的真值表如表 3.17.2 所示,要求用 74151 实现其功能。

表 3.17.2 三位奇数校验器真值表

输 入			输 出
C	B	A	L
0	0	0	0
0	0	1	1
0	1	0	1
0	1	1	0
1	0	0	1
1	0	1	0
1	1	0	0
1	1	1	1

（1）写出该逻辑函数的最小项表达式为：
$$Y = \overline{C}\overline{B}A + \overline{C}B\overline{A} + C\overline{A}\overline{B} + ABC$$
（2）用 74151 组成电路如图 3.17.4 所示。
（3）在 3 输入端 C、B、A 分别加入脉冲信号，设置好参数。进行瞬态分析，分析结果如图 3.17.5 所示。

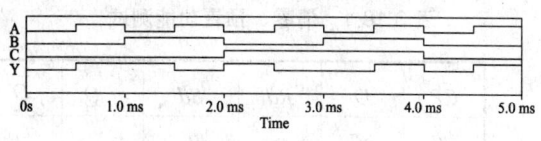

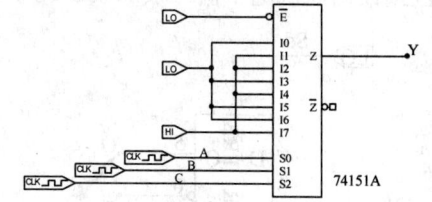

图 3.17.5　三位奇数校验器的输入输出波形

图 3.17.4　用 74151 实现三位奇数校验器功能

四、实验报告

1. 保存并打印出实验电路及各实验数据及波形图。
2. 按要求填写表格，总结译码器与数据选择器的功能。

五、思考题

1. 怎样将 7442 变为 3 线—8 线译码器？
2. 除了作逻辑函数产生器外，数据选择器还有哪些方面的应用？

实验 18　集成触发器

一、实验目的

1. 学习集成 D 触发器、JK 触发器逻辑功能的测试方法。
2. 学习简单时序电路的动态测试方法。

二、实验器材

集成 D 触发器 7474、集成 JK 触发器 7473（在 EVAL 库中）；时钟信号源（在 SOURCE 库中）。

三、实验内容及步骤

1. D 触发器

（1）清零、预置功能测试：从器件库调出 D 触发器 7474，按图 3.18.1 连接。执行 PSpice/ Marke 命令，在 2 个输出端分别放置电压标示符"Voltage Level"。在 R_d、S_d 端按照表 3.18.1 加入高低电平（注意高低电平的设置要从 SOURCE 库中取"$D-HI"或"$D-LO"符号接入）。进行瞬态分析后，屏幕上会自动显示出 2 个输出端电压的波形，点击标尺可直接读出高低电平值，填入表 3.18.1。

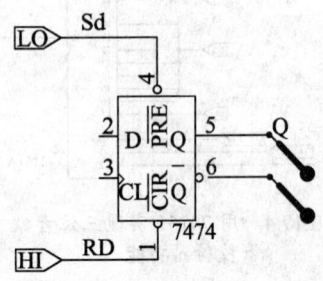

表 3.18.1 清零、预置功能测试

CP	D	Rd	Sd	Q	$\overline{Q}$
×	×	0	1		
×	×	1	0		

图 3.18.1 清零、预置功能测试

（2）D 功能测试：按照表 3.18.2 输入逻辑状态。其中 CP 脉冲可用基本信号源符号 STIM1 产生，参数设置为：

COMMAND1：0s 0

COMMAND2：0.5ms 1

COMMAND3：1ms 0

Q 的初始状态用 R_d、S_d 端设置。其清零脉冲或置数脉冲也可用基本信号源符号 STIM1 产生，必须是负脉冲且要早于 CP 脉冲，本例参数设置为：

COMMAND1：0s 1

COMMAND2：0.1ms 0

COMMAND3：0.2ms 1

进行瞬态分析后，点击标尺读出 Q 端高低电平值，填入表 3.18.2 中。

表 3.18.2 D 功能测试

Q_n	D	CP	Q_{n+1}
0	1	↑	
1	0	↑	

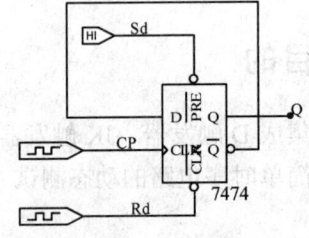

图 3.18.2 D 功能测试

（3）组成 T 触发器：按图 3.18.2 接线，在 CP 端加入时钟信号，在 R_d 端加入清零信号，如图 3.18.2 所示。CP 信号设置参数为：OFFTIME =0.5ms, ONTIME=0.5ms；清零信号设置同上。进行瞬态分析后观看输入输出波形如图 3.18.3 所示。

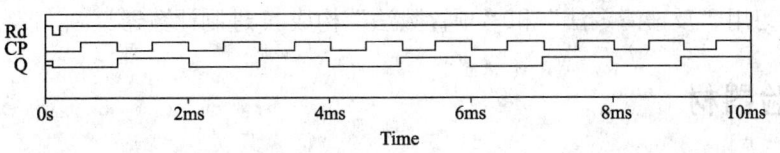

图 3.18.3 T 触发器波形图

2. 用 JK 触发器组成 T 触发器

从器件库调出 JK 触发器 7473，按图 3.18.4 连接。重复步骤 1（3）的内容，其输入输出波形如图 3.18.5 所示。注意观察 Q 状态变化是在 CP 上升沿还是下降沿。

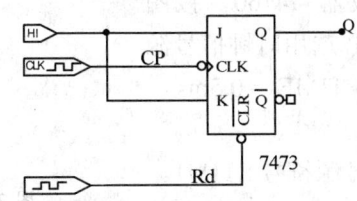

图 3.18.4 JK 触发器组成的 T 触发器

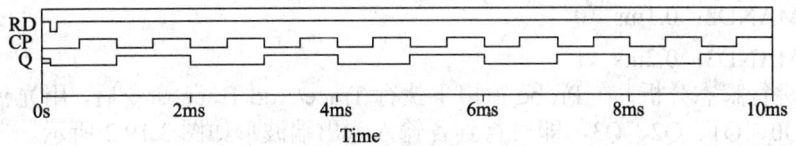

图 3.18.5 JK 触发器组成的 T 触发器波形图

四、实验报告

1. 保存并打印出实验电路及各实验数据及波形图。
2. 按要求填表，说明两种触发器的触发方式。

五、思考题

1. 在虚拟实验中总是要先给触发器清零或置数，否则输出为不定状态，而实际实验却不用，这是为什么？
2. 在实验中设置 CP 信号和 R_d 信号时应注意什么问题？

实验 19　集成计数器、译码及显示电路

一、实验目的

1. 熟悉集成计数器、译码器的测试及使用方法。

2. 学习用"反馈清零法"和"预置数法"构成 N 进制计数器。

二、实验器材

集成计数器 74160、与门 7408、与非门 7400、非门 7404（在 EVAL 库中）；时钟信号源（在 SOURCE 库中）。

三、实验内容及步骤

1. 集成计数器 74160 基本功能测试

（1）从器件库调出计数器 74160，按图 3.19.1 连接。其中计数脉冲 CP 选用时钟信号源 DigClock，参数设置为 OFFTIME =0.5ms，ONTIME=0.5ms。

清零脉冲 Cr 选用基本信号源符号 STIM1。
参数设置为：
COMMAND1：0s　　1
COMMAND2：0.1ms　0
COMMAND3：0.2ms　1

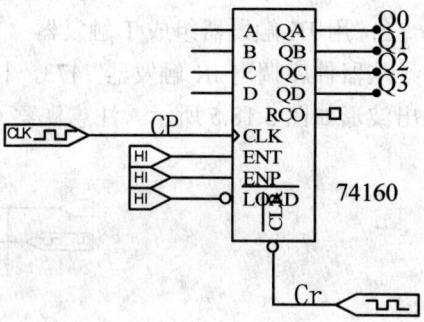

图 3.19.1　测试集成计数器 74160

（2）进行瞬态分析，在 Probe 窗口下执行 Trace/Add Trace 命令后，用光标依次点选 Cr、CP、Q0、Q1、Q2、Q3，即可得到各输入输出端波形如图 3.19.2 所示。

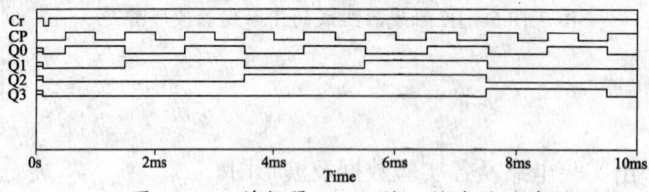

图 3.19.2　计数器 74160 输入输出端的波形

2. 用"反馈清零法" 构成 5 进制计数器

按图 3.19.3 接线。重复步骤 1 的内容，测得输入输出波形如图 3.19.4 所示。

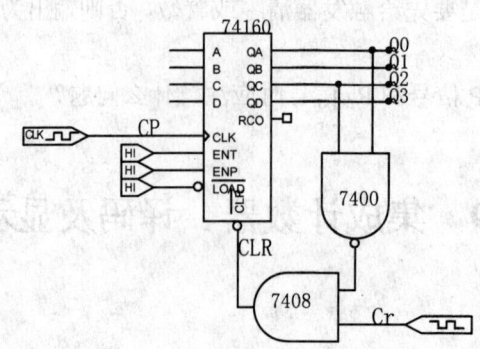

图 3.19.3　构成 5 进制计数器

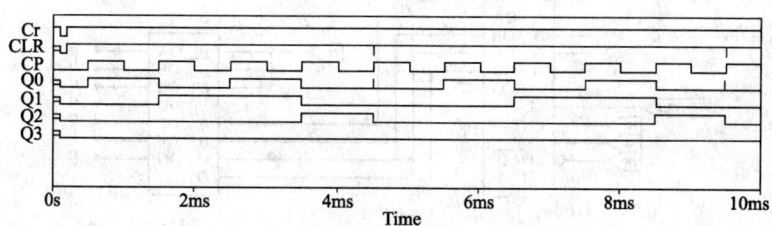

图 3.19.4　5 进制计数器输入输出端的波形

3．用"预置数法"构成 5 进制计数器

按图 3.19.5 接线。重复步骤 1 的内容，测得输入输出波形如图 3.19.6 所示。

注意：　设置置数信号 LD 时要使其低电平的时间大于 CP 信号的"ONTIME"，本实验设置为：

COMMAND1：0s　　　1
COMMAND2：0.3ms　0
COMMAND3：1ms　　1

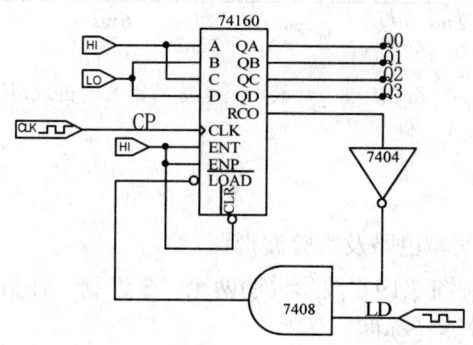

图 3.19.5　"预置数法"构成 5 进制计数器

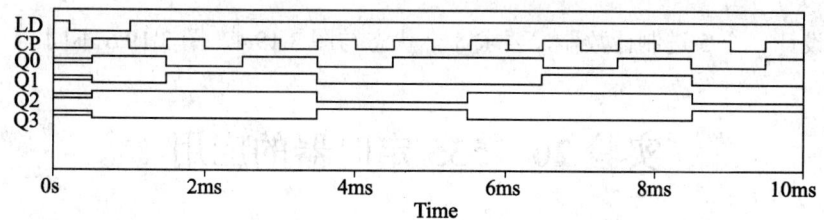

图 3.19.6　"预置数法"构成 5 进制计数器输入输出端的波形

4．计数译码电路测试

将计数器 74160 的输出端 $Q_D Q_C Q_B Q_A$ 与译码器的输入端 DCBA 一一对应相连，如图 3.19.7 所示。

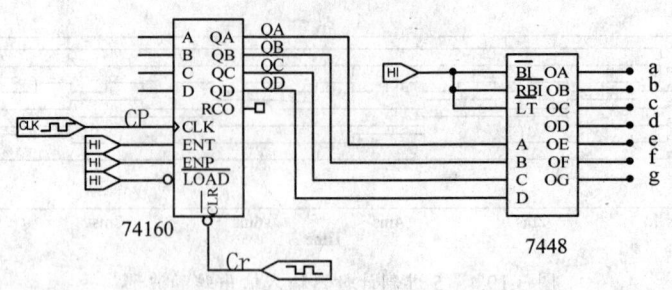

图 3.19.7　计数译码电路

重复步骤 1 的内容，测得输入输出波形如图 3.19.8 所示。

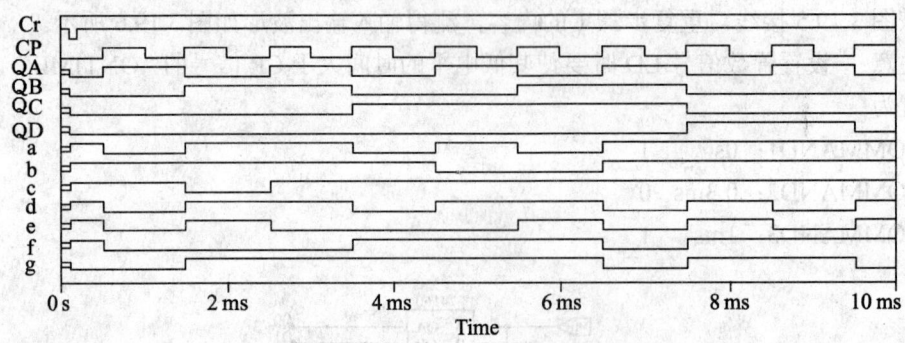

图 3.19.8　计数译码电路的输入输出波形

四、实验报告

1. 保存并打印出实验电路及实验波形图。
2. 根据图 3.19.4、图 3.19.6 波形说明两个"5 进制"计数器的 5 个有效状态分别是什么，画出两电路的状态转换图。

五、思考题

自己设计一个 5 进制计数器，要求 5 个状态与图 3.19.4、图 3.19.6 不同。

实验 20　555 定时器的应用

一、实验目的

1. 掌握用 555 定时器构成的几种基本脉冲电路的方法。
2. 学习脉冲形成与整形电路的调试方法。

二、实验器材

定时器 555D（在 EVAL 库中）；电阻、电容（在 ANALOG 库中）；脉冲源 VPULRE、分段线性源 VPWL、正弦源、直流电压源（在 SOURCE 库中）。

三、实验内容及步骤

1. 施密特触发器

（1）按图 3.20.1 绘制电路，在输入端加三角波信号。三角波信号用分段线性源实现。在元件库中调出分段线性源 VPWL，设置参数为：T_1=0s，V_1=0V；T_2=1s，V_2=5V；T_3=2s，V_3=0V。

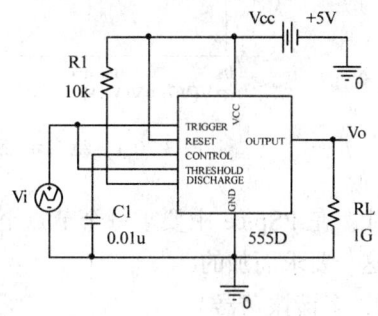

图 3.20.1 555 组成施密特触发器

（2）进行瞬态分析，在 Probe 窗口得到输入输出波形如图 3.20.2 所示。

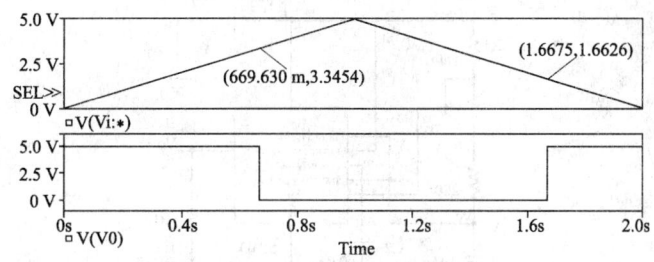

图 3.20.2 施密特触发器的输入输出波形

（3）启动标尺测出两个阈值电压 V_{T+}、V_{T-} 的值。

（4）作施密特触发器的电压传输特性。在瞬态分析后，点选 V（V_o）并将 X 轴变量改为 V（Vi：+），即可得到如图 3.20.3 所示的电压传输特性。

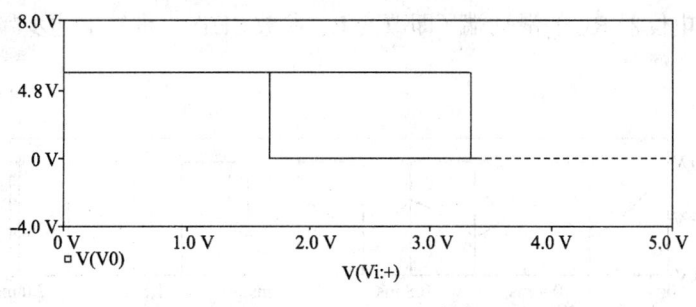

图 3.20.3 电压传输特性

（5）在输入端加正弦信号，设置为：V_{OFF}=0，V_{AMPL}（振幅）=5V，F_{REQ}（频率）=1kHz，T_D=0，D_F=0，PHASE=0。并在输入、输出端分别放置电压标示符"Voltage Level"。进行瞬态分析后，屏幕上自动显示出输入、输出端的波形如图 3.20.4 所示。

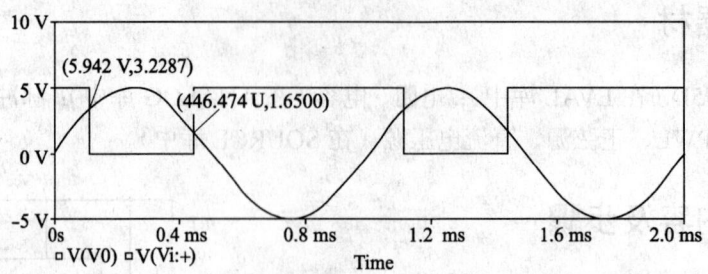

图 3.20.4　施密特触发器加正弦信号时的输入输出波形

注：在 PSpice 中要求每个节点至少要有 2 个以上的元件与其相连，电阻 R_L 就是为满足这一要求而加的。

2．多谐振荡器

（1）按图 3.20.5 绘制电路，在节点 V_C、输出端 V_o 分别放置电压标示符"Voltage Level"。

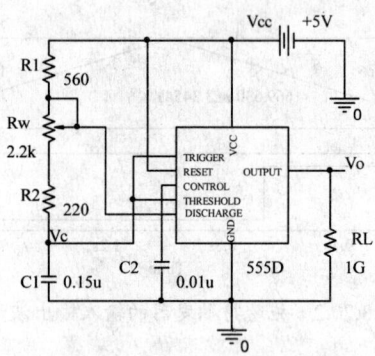

图 3.20.5　555 组成多谐振荡器

（2）进行瞬态分析后，屏幕上自动显示出 V_C 端、V_o 端的波形如图 3.20.6 所示。

（3）启动标尺测出振荡周期。

（4）改变电位器 R_W 的滑动端（即改变 R_W 参数 SET），重复上述步骤，观看输出波形周期的变化。

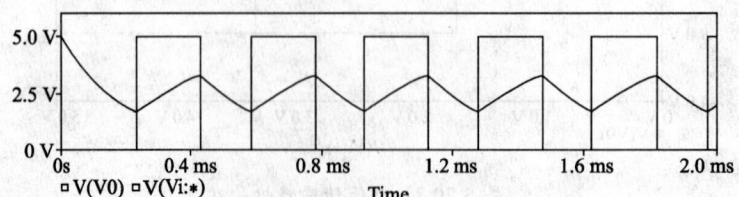

图 3.20.6　多谐振荡器波形图

3．单稳态触发器

（1）按图 3.20.7 绘制电路。在输入端加脉冲信号 VPULRE。

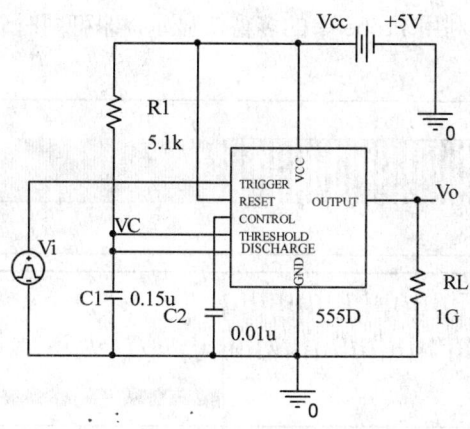

图 3.20.7　555 组成单稳态触发器

（2）将脉冲信号 VPULRE 源的参数设置为：V_1（起始电压）=5V，V_2（脉冲电压）=0V，PER（周期）=1ms，PW（脉宽）=0.2ms，$T_D=0$，$T_F=0$，$T_R=0$。

（3）进行瞬态分析后，输入、输出端及 V_C 点的波形如图 3.20.8 所示。

（4）启动标尺测出输出脉宽 T_W 的值。

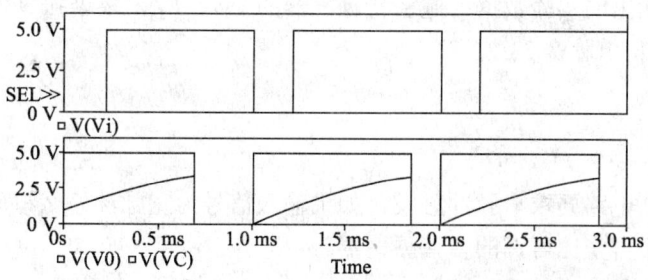

图 3.20.8　单稳态触发器波形图

4．双频率振荡器（报警器电路）

（1）按图 3.20.9 绘制电路。

（2）选择瞬态分析，时间范围：100ms～300ms，时间步长：1ms。

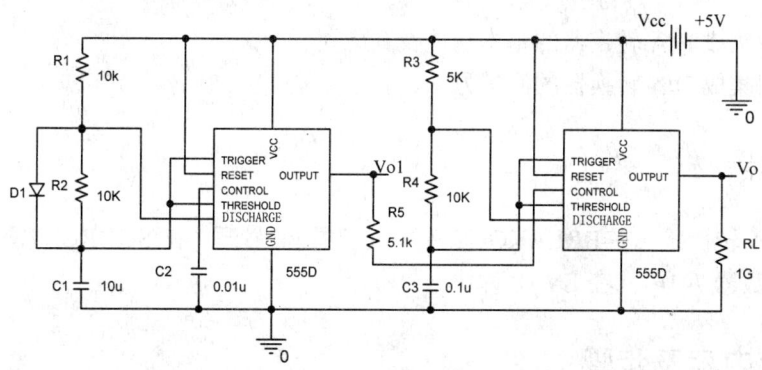

图 3.20.9　双频率振荡器电路图

（3）运行 PSpice 后利用 Probe 中的多窗口显示，即可同时看到 V_o、V_{o1} 的波形，如图 3.20.10 所示。

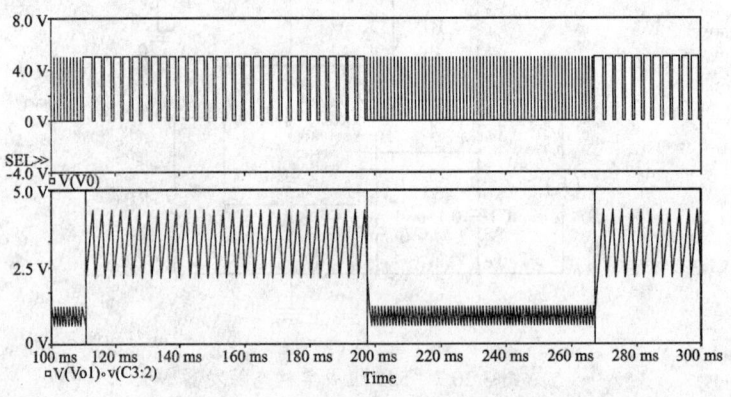

图 3.20.10　双频率振荡器波形图

四、实验报告

1. 保存并打印出实验电路及实验波形图。
2. 整理所测出的实验数据：施密特触发器的 V_{T+}、V_{T-}，多谐振荡器的振荡周期 T，单稳态触发器的输出脉宽 T_W。

五、思考题

1. 图 3.20.7 电路要求窄脉冲触发，如果输入信号为宽脉冲怎么办？
2. 设计一个占空比可调的多谐振荡器。

实验 21　D/A 转换器

一、实验目的

1. 熟悉集成 D/A 转换器的基本功能及其应用。
2. 学习集成 D/A 转换器的测试方法。

二、实验器材

8 位 D/A 转换器（在 BREAKOUT 库中）；时钟信号源（在 SOURCE 库中）；集成 4 位二进制计数器 74161（在 EVAL 库中）。

三、实验内容及步骤

1. 8 位 D/A 转换器功能测试

(1) 从器件库中调出 8 位 D/A 转换器 BAC8，按图 3.21.1 接线，为使测试结果便于与理论值比较，将基准电压设置为 2.56V。

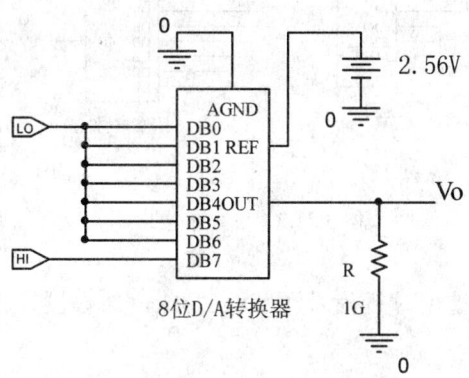

图 3.21.1　8 位 D/A 转换器

(2) 执行 PSpice/ Marke 命令，在输出端放置电压标示符"Voltage Level"。

(3) 在输入端按照表 3.21.1 加入高低电平（注意高低电平的设置要从 SOURCE 库中取"$D-HI"或"$D-LO"符号接入）。进行瞬态分析后，屏幕上会自动显示出输出电压的波形，用标尺测出输出电压值，填入表 3.21.1。

表 3.21.1　测试 D/A 转换器功能

输 入 数 字 量								输出模拟量
D_7	D_6	D_5	D_4	D_3	D_2	D_1	D_0	V_o（V）
1	1	1	1	1	1	1	1	2.55V
1	0	0	0	0	0	0	1	
1	0	0	0	0	0	0	0	1.28V
0	1	1	1	1	1	1	1	
0	0	0	0	0	0	0	1	
0	0	0	0	0	0	0	0	0V

注：BAC8 为 8 位 D/A 转换器的理想模型，当基准电压为正值时，输出电压也为正值。

2．用 D/A 转换器组成阶梯波发生器

(1) 再从器件库中调出一个 4 位二进制计数器 74161，按图 3.21.2 接线。图中电阻 R_1、R_2 和电容 C_1 的作用是滤除输出波形中的毛刺。

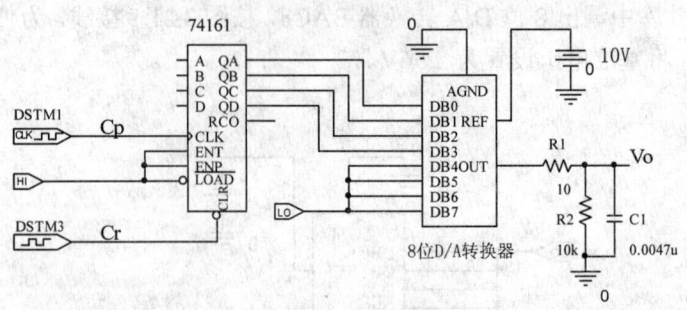

图 3.21.2 阶梯波发生器

（2）设置脉冲信号

① 时钟脉冲 CP：选用时钟信号源 DigClock，参数设置为 OFFTIME =0.05ms，ONTIME=0.05ms。

② 清零脉冲 Cr：选用基本信号源符号 STIM1。参数设置为：

COMMAND1：0s　1

COMMAND2：0.1ms　0

COMMAND3：0.2ms　1

（3）进行瞬态分析，分析时间取 0～4ms。

（4）运行 PSpice 后，在 Probe 窗口中，执行 Trace/Add Trace 命令，依次点选择 Cr、CP、U1：Q_A、U1：Q_B、U1：Q_C、U1：Q_D、V（V_o）即可看到各点波形如图 3.21.3 所示。

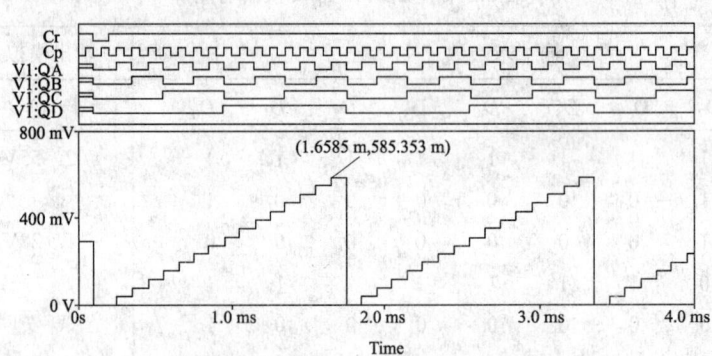

图 3.21.3 阶梯波发生器各点波形

四、实验报告

1. 保存并打印出实验电路及各实验数据及波形图。
2. 总结 D/A 转换器的特点及使用方法。

五、思考题

1. D/A 转换器主要有哪些技术指标？
2. 8 位 D/A 转换器的分辨率是多少？

第四章　实际实验

实验 1　常用电子仪器的使用练习

在模拟电子技术基础实验室里，最常用的电子仪器有示波器、交流毫伏表、万用表和直流稳压电源等。它们与实验电路的联系及其主要用途如图 4.1.1 所示。

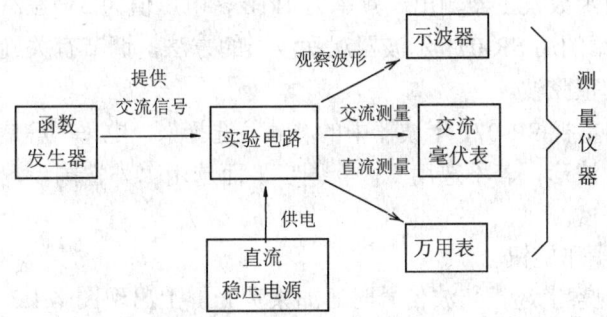

图 4.1.1　实验电路与各仪器的联系

一、实验目的

1. 初步了解常用电子仪器的使用方法。
2. 掌握用示波器获取稳定波形并测量有关参数的方法。

二、实验设备

示波器：SR-071A；函数发生器：EM1643；交流毫伏表：SX2172。

三、实验内容及步骤

1. 用交流毫伏表测量函数发生器输出正弦信号时的输出电压

将函数发生器的输出接至交流毫伏表的输入端（注意：仪器的"地"端必须连接在一起）。

（1）对函数信号发生器进行如下设置：

功能（FUNCTION）开关（波形选择）调至：正弦波。

频率（FREQ VAR）调至：1kHz。

衰减器（ATT）：不按入。

调节"幅度"旋钮，逐渐增加输出幅度，用交流毫伏表测量，使其读数为3V。

（2）保持信号幅度不变（3V），将衰减器（ATT）开关按入，用交流毫伏表测量此时的输出电压值，填入表4.1.1，验证其衰减关系。

表4.1.1 验证衰减关系

衰减器（ATT）的位置	不按入	20dB	40dB	60dB（同时按下）
交流毫伏表的读数（V）	3（V）			

2. 用示波器观察正弦波形

将示波器的"Y_1轴输入"端与函数发生器的输出端相连，两者的地线必须连在一起（即"共地"）。由函数发生器输出一频率为1kHz、电压值为3V左右的正弦信号，参照第一章1.2.3节介绍的用SR-071示波器观察波形的方法，调节有关旋钮，使之在荧光屏上得到一个稳定的正弦波。

注意：应特别重视SR-071示波器中的"触发选择"、"电平"等旋钮的操作。对于本实验中所要观测的波形，若不选用"内"同步，而选用"外"同步，则不可能调节出稳定的波形，不妨一试。

3. 练习正确操作旋钮

在用示波器观察上述正弦波信号时，如果荧光屏上出现图4.1.2所示的现象之一，试问是哪些旋钮的位置不对？并将它们调回到正确的位置。

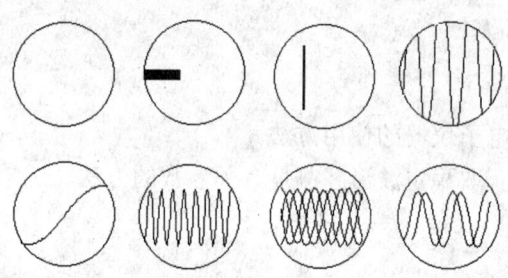

图4.1.2 示波器上的不正确显示

4. 用示波器测量波形的周期和幅度

将频率为1kHz、幅度为3V左右的正弦波信号送入示波器输入端。将示波器扫速开关"T/cm"上的微调旋钮旋置"校准"位置，此时，"T/cm"的指示值即为屏幕上横向每格（1cm）代表的时间，再观察被测波形一个周期在屏幕水平轴上占据的格数，即可得信号周期T_ω：

$$T_\omega = T/cm \times 格数$$

调节示波器Y通道的灵敏度开关"V/cm"，使屏幕上的波形高度适中，此时，"V/cm"的指示值即为屏幕上纵向每格代表的电压值，再观察波形的高度（峰—峰）在屏幕纵轴上占据的格数，即可得信号幅度的$V_{(P-P)}$（峰—峰值）：

$$V_{(P-P)} = V/cm \times 格数$$

$$V_{(有效值)} = \frac{V_{(P-P)}}{2\sqrt{2}}$$

注意：被测信号若经示波器探头输入，测得电压值再乘 10 才是实际值。

5．用示波器观察脉冲波形

将函数信号发生器的功能（FUNCTION）开关（波形选择）改至：脉冲波。频率仍为 1kHz。用示波器观察波形，并用上述方法测量脉冲波形的周期和幅度。

6．用示波器同时观察两个波形

将示波器的"Y_1 轴输入"与"Y_2 轴输入"均与函数发生器的输出端相连，参照第一章 1.1.3 节用 SR-071A 示波器观察双踪波形的方法，调整有关旋钮，使在屏幕上得到两个稳定的波形，并观察其相位关系。

四、预习要求

阅读第一章 1.1 节 SR-071A 示波器、EM1643 函数发生器、SX2172 型交流毫伏表的使用方法的有关内容。

五、思考题

1．当交流毫伏表输入开路时，常出现表头指针"打表"现象，为什么？怎样避免？
2．如果想用函数发生器输出 mV 数量级的信号，应特别注意使用哪些按键开关？
3．用示波器观察波形时，要达到如下要求，应调节哪些旋钮？
波形细而清晰；亮度适中；波形稳定；移动波形位置；改变波形幅度；改变波形个数。

实验 2　测试半导体二极管、三极管

一、实验目的

1．学习用万用表测试晶体二极管、三极管的方法。
2．学习使用晶体管特性图示仪测试二极管、三极管的方法。

二、实验设备

万用表：MF-10；晶体管特性图示仪：BS4810。

三、实验内容及步骤

1. 用万用表测试晶体二极管、三极管

（1）用万用表判别二极管极性和好坏。将万用表置于欧姆挡，此时万用表内部等效电路如图 4.2.1 所示。

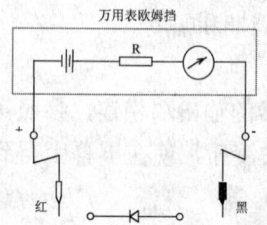

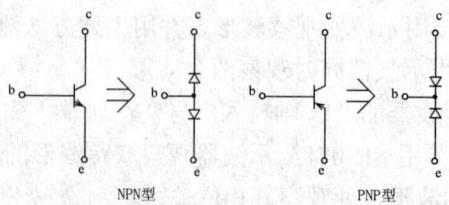

图 4.2.1 用万用表测试晶体

图 4.2.2 用万用表判别三极管

将万用表红黑表笔分别接触二极管两端，测其电阻值。然后红、黑表笔换接，再测其电阻值。

若两次测试的电阻值一次很大（二极管反偏），另一次很小（二极管正偏），说明二极管完好，且阻值小的一次，黑表笔接触的一端为二极管的正极。若两次测试的电阻值均很大或均很小，说明二极管已损坏。

注意：测试时选用 R×1k 挡较合适。不宜选用 R×100k 挡，因该挡的电源电压较高，容易损坏管子。

（2）用万用表判别三极管的管型及管脚。

① 判别基极 b 和管型。可以把三极管看作是两个串联的二极管，如图 4.2.2 所示。

由图可见，若分别测试 bc、be、ce 之间的正反向电阻，只有 ce 之间的正反两个电阻值均很大（ce 之间始终有一个反偏的 PN 结），由此即可确定 c、e 两个电极之外的基极 b。

然后将万用表黑笔接 b 极，红表笔依次接另外两个电极，测得两个电阻值，若两个电阻值很小，说明是 NPN 管；若两个电阻值很大，说明是 PNP 管。

② 判别发射极 e 和集电极 c。

如图 4.2.3 所示，万用表置欧姆挡。若是 NPN 管，则黑表笔接假定 c 极，红表笔接假定 e 极，在 b 极和假定 c 极之间接一个 100kΩ 的电阻（可用人体电阻代替），读出此时万用表上的电阻值。然后作相反的假设，再按图 4.2.3 连接好，重读电阻值。两阻值中阻值小的一次对应的集电极电流 I_C 较大，说明三极管处于正向放大状态，该次的假设是正确的。

对于 PNP 管，应该将红表笔接假定的 c 极，黑表笔接假定的 e 极，其他步骤相同。

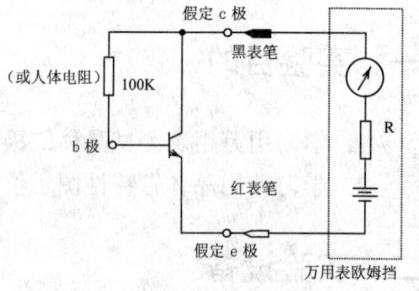

图 4.2.3 判别发射极和集电极

2. 用晶体管特性图示仪测试晶体管

晶体管特性图示仪的使用方法请参阅有关参考书。

（1）测试晶体三极管。

① 观测共发射极输出特性曲线。开启电源，调节辉度，聚焦，在屏幕上得到一清晰的亮点，将被测三极管按 E、B、C 插入 A 或 B 插座内，"测试选择"开关置于被测管一方。根据被测管的型号确定"PNP"或"NPN"按键位置。若为 NPN 管，则将光点调至屏幕左下角，若为 PNP 管则将光点调至屏幕右上角。其他旋钮及按键位置参见表 4.2.1。

表 4.2.1 旋钮及按键位置

旋 钮 名 称	位 置
TR、（FET）按键	TR（弹出）
h 参数选择按键	h_{21} 按下
接地选择	共 E
扫描电压范围	0～50V
功耗电阻	5kΩ
X 轴作用	1V/div
Y 轴作用	1mA/div
阶梯作用	10μA/div
级/族	10

检查"扫描开关"是否置于正常扫描位置（弹出），然后顺时针调节"扫描电压调节"旋钮，即可显示共发射极输出特性曲线，如图 4.2.4 所示。

描绘此特性曲线，根据曲线确定某点上的共射极电流放大系数 β

$$\beta = \frac{\Delta I_C}{\Delta I_B}$$

② 观测共发射极输入特性曲线。被测管按 E、B、C 插入 A 或 B 插座内，"测试选择"开关置于被测管一方，根据被测管型号确定"PNP"或"NPN"按键位置。将功耗电阻置于"1k"或适当位置，将 H 参数选择开关 h_{12} 按下，Y 轴 V_b 置于合适挡位，阶梯选择 I_b mA/级置于合适挡级（一般置于较小挡次，再逐渐加大至要求值）。按要求调节"集电极扫描电压调节"旋钮，即可得共发射极输入特性曲线。

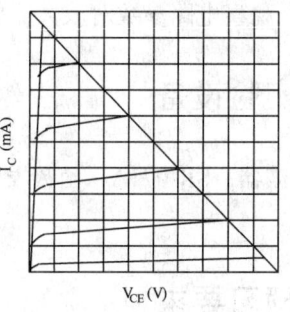

图 4.2.4 三极管的共发射极输出特性

描绘此特性曲线，根据曲线确定某点的交流输入电阻 r_{be}:

$$r_{be} = \frac{\Delta V_{BE}}{\Delta I_B}$$

（2）测试晶体二极管。将被测二极管插入 C、E 孔，"+"极接 C，"—"极接 E。当管型选择开关置于"TR"、"NPN"时，即可测出正向特性，置于"TR"、"PNP"时，即可测出反向特性。描绘此二极管 V-A 特性曲线。

四、预习要求

预习有关二极管、三极管的结构、外部特性及主要参数等内容。

五、实验报告

用方格纸描绘实验曲线，根据描绘的特性曲线求出各参数值。

六、思考题

1. 用不同的电阻挡测二极管正向电阻时，所得结果是否相同？为什么？
2. 为什么不宜用万用表的 R×10k 挡或 R×100k 挡测量二极管？

实验 3 基本放大电路

一、实验目的

1. 学习基本放大器静态工作点的调试及放大倍数、输入电阻、输出电阻的测试方法。
2. 观察电路参数对放大器静态工作点及输出波形的影响。

二、实验设备

示波器：SR-071A；函数发生器：EM1643；交流毫伏表：SX2172；万用表；模拟实验箱。

三、预习要求

1. 复习教材中基本放大电路的有关内容。设三极管的 $\beta=80$，估量实验电路的静态工作点 Q，计算 A_V、R_i、R_o 的理论值。
2. 参阅第三章实验 3 虚拟实验的数据及波形。

四、实验电路

实验电路如图 4.3.1 所示，为一共射固定偏流电路。由于 R_b 电阻可调，使电路的工作点可变。实验中，可根据需要调整电阻 R_b（R_w）的阻值，选择合适的静态工作点。

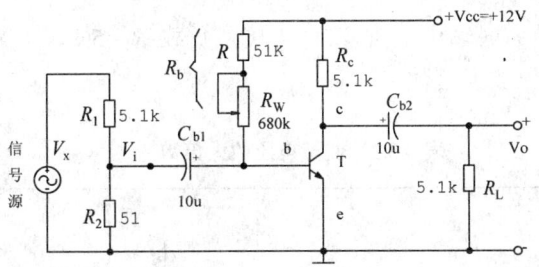

图 4.3.1 基本放大电路

实验电路输入端加入了一个由电阻 R_1 和 R_2 构成的分压器，分压比为

$$\frac{V_\mathrm{i}}{V_\mathrm{X}} = \frac{R_2}{R_1 + R_2} = \frac{0.051\mathrm{k}}{5.1\mathrm{k} + 0.051\mathrm{k}} \approx \frac{1}{100}$$

其作用是提高信噪比，减少外界干扰信号对电路的影响。

五、实验内容及步骤

1. 连接电路

按图 4.3.1 在模拟电路实验箱上插接电路（注意：负载电阻 R_L 先不接入）。按图 4.3.2 连接测量电路（注意：所用电子仪器的"地"线必须与实验板的"地"端连结在一起，否则，在测量中将引入干扰信号）。

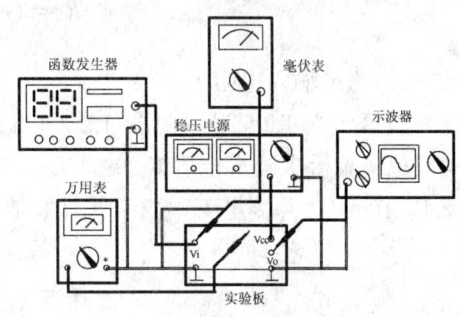

图 4.3.2 实验板与各仪器的连接

2. 测量静态工作点

使放大器的输入端短路，将万用表（调至直流电压挡）跨接在三极管集电极与发射极之间。调节偏流电阻 R_b（R_W），使 V_C 为 6V 左右，并测量 V_B、V_E 并计算静态电流 I_C，填入表 4.3.1 中。

表 4.3.1 静态工作点值

V_C	V_B	V_E	$I_\mathrm{C} = \dfrac{V_\mathrm{CC} - V_\mathrm{CE}}{R_\mathrm{C}}$

3. 测量电压放大倍数

断开输入端短路线，将函数发生器的输出端接到电路的 V_X 两端。将函数发生器的功能开关调至：正弦波。使输入信号 V_i=5mV，f=1kHz（可用交流毫伏表监测 5mV 电压）。用示波器观察输出波形，在输出不失真的情况下，进行以下测量：

先测量空载（$R_L=\infty$）时输出电压 V_o'，再接入负载 $R_L=5.1\mathrm{k\Omega}$，测量输出电压 V_o，填入表 4.3.2，并计算电压放大倍数。

表 4.3.2 测量电压放大倍数

$R_L=\infty$	$V_o' =$	$A_V' = \dfrac{V_o'}{V_i} =$
$R_L=5.1\mathrm{k}$	$V_o =$	$A_V = \dfrac{V_o}{V_i} =$

4. 测量输出电阻 R_o

用第一章 1.2.6 节（见图 1.2.4）介绍的方法测量放大器的输出电阻，即分别测出空载（$R_L=\infty$）时的输出电压 V_o' 和带负载时的输出电压 V_o，由下式计算放大器的输出电阻。

$$R_o = \left(\dfrac{V_o'}{V_o} - 1\right) R_L$$

5. 测量输入电阻 R_i

用第一章 1.2.5 节（见图 1.2.2）介绍的方法测量放大器的输出电阻。本实验中，可在模拟实验板上隔直电容 C_{b1} 之前串入电阻 $R_X=5.1\mathrm{k\Omega}$，然后调节函数发生器输出幅度，使 $V_s=10\mathrm{mV}$，并测量 V_i，由下式计算放大器的输入电阻。

$$R_i = \dfrac{V_i}{V_S - V_i} R_x$$

注意：测试完毕，应将 R_X 拆除，使电路恢复原状。

6. 观察静态工作点对输出波形的影响

（1）仍使 $V_i=5\mathrm{mV}$，$f=1\mathrm{kHz}$。减小 $R_b(R_W)$，观察输出电压波形的变化，当 R_b 调至最小时（$R_W=0$），记录输出波形，并测量此时的静态工作点，填入表 4.3.3 中。

（2）增大 R_b（即 R_W），观察输出电压波形的变化，当 R_b 调至最大时（$R_W=1\mathrm{M\Omega}$），波形如何。测量此时的静态工作点，填入表 4.3.3 中。

注意：为了较明显地观察到截止失真，可将输入信号幅度适当增大。

表 4.3.3 静态工作点对输出的影响

工作状态	输出波形	静态工作点		
		I_C（mA）	V_{CE}（V）	V_{BE}（V）
饱 和				
截 止				

7. 调节动态范围

增大输入信号 V_i 的幅度，同时用示波器观察输出波形 V_o。如出现失真，可适当调节 R_W 修正工作点，直到输出端得到最大的不失真输出波形，测出这时的 V_o 值，并测量静态工作点。

六、实验报告

1. 认真记录实验数据及波形，计算 I_C、A_V、R_i、R_o 值，按要求填入表格。
2. 将实测值和计算值（或用 PSpice 计算出的值）进行比较，分析产生误差的原因。
3. 详细记录实验过程中出现的故障、产生故障的原因及排除故障的方法。

七、思考题

1. 为什么 R_b 要用一个电位器 R_W 与一固定电阻 R 串联？只用一个电位器行不行？
2. 负载电阻 R_L 与放大倍数有何关系？要使输出波形不失真且幅值最大，最佳的静态工作点是否应选在直流负载线的中点上？
3. 分析下列各波形分别是什么失真？是什么原因造成的？如何解决？

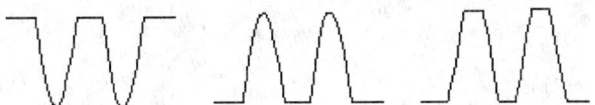

实验 4　两级阻容耦合放大器

一、实验目的

1. 学习多级放大器的静态和动态的测试方法。
2. 学习两级放大器的频率特性测试方法。

二、实验设备

示波器：SR-071A；函数发生器：EM1643；交流毫伏表：SX2172；万用表；模拟实验箱。

三、预习要求

1. 复习教材中多级放大电路及频率特性的有关内容。设三极管的 $\beta=60$，估算实验

电路的 A_V、f_H 和 f_L 的理论值。

2. 参阅第三章实验 4 虚拟实验的数据及波形。

四、实验内容及步骤

1. 连接电路。按图 4.4.1 在模拟实验箱上插接电路。电路中的电容 C_L 是为了降低电路的 f_H 方便测量而设置的。注意该电路元器件多，节点多，接线时要仔细认真。

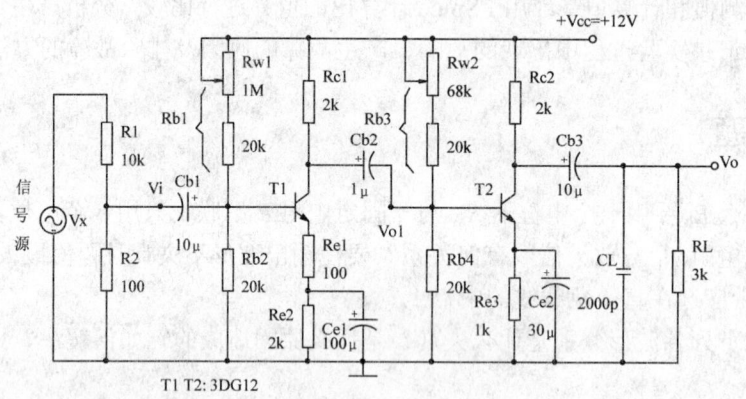

图 4.4.1　两级放大器电路

2. 调整静态工作点

使放大器的输入端 V_i 接地，调 R_{b1} 和 R_{b3} 使 T_1 和 T_2 的集电极电位分别为 8V，即 $V_{C1}=8V$，$V_{C2}=8V$。

3. 测量电压放大倍数

断开 V_i 端接地线，将函数发生器的输出端接到电路的输入端。将函数发生器的功能开关调至正弦波，使 $f=1kHz$，$V_i=2mV$（用交流毫伏表测量）。用示波器观察输出波形，在输出不失真的情况下，测量输出电压 V_{o1} 和 V_o，填入表 4.4.1，并计算电压放大倍数。

表 4.4.1　测量电压放大倍数

V_i	V_{o1}	V_o	$A_{V1}=\dfrac{V_{O1}}{V_i}$	$A_{V2}=\dfrac{V_o}{V_{O1}}$	$A_V=\dfrac{V_o}{V_i}$
2mV					

4. 测量放大器的幅频特性及 f_H、f_L 高频段和低频段幅频特性的测量。以 $V_i=2mV$，$f=1kHz$ 时的输出电压 V_o 为基准，保持 V_i 不变，增加或减少输入信号频率 f，使输出电压 V_o 降至表 4.4.2 中各值时，读取各对应的 f 值，并记于表 4.4.2 中。

表 4.4.2 测量放大器的幅频特性及 f_H、f_L

V_o	V_{oM}	0.9 V_{oM}	0.707 V_{oM}	0.5 V_{oM}
f（Hz）↗	1kHz			
f（Hz）↘				

（2）f_H 和 f_L 的测量。在测试幅频特性过程中，当改变频率 f，使 V_o 下降到 0.707 V_o 时，所对应的高频值和低频值，分别就是 f_H 和 f_L。

5．观察 φ_H 与 φ_L

将输入信号频率分别设置为 f_H 和 f_L，将示波器"Y_2"接输入端，"Y_1" 接输出端，显示方式置于"交替"挡，"Y_2"极性置于"+"位置上。用第一章 1.2.8 节方法 1 观测 φ_H 与 φ_L 的大小和正负。

五、实验报告

1．认真记录实验数据及波形，根据实验数据计算 A_{V1}、A_{V2}、A_V、f_H 和 f_L 值，按要求填入表格。
2．将实测值和计算值（或用 PSpice 计算出的值）进行比较，分析产生误差的原因。

六、思考题

电路的 f_H、f_L 主要与电路中的哪些参数有关？电路中的电容 C_L 起什么作用？如果将 C_L 开路，f_H 会增大还是减小？

实验 5　场效应管放大器

一、实验目的

1．学习场效应管放大器的静态和动态指标的测试方法。
2．了解场效应管放大器的可变电阻特性，了解高阻电路的测量方法。

二、实验设备

示波器：SR-071A；函数发生器：EM1643；交流毫伏表：SX217，输入阻抗为 10MΩ（1～300V）；万用表：测直流电压时的表内阻为 100kΩ/V，测交流电压时表内阻为 20kΩ/V。

三、预习要求

1. 复习教材中场效应管及场效应管放大器的有关内容。设场效应管的 g_m=2mS,估算实验电路的 A_V、R_i 值。
2. 参阅第三章实验 5 虚拟实验的数据及波形。

四、实验内容及步骤

1. 场效应管共源放大器的调试

（1）连接电路。按图 4.5.1 在模拟实验箱上插接好电路,场效应管选用 N 沟道结型管 3DJ6D,静态工作点的设置方式为自偏压式。

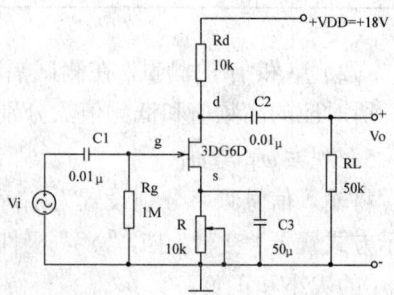

图 4.5.1 场效应管放大器

（2）测量静态工作点。调节电阻 R 使 V_D 为 9V 左右,并测量此时的 V_G、V_S,填入表 5B.1,并计算 I_D。

表 4.5.1 静态工作点

V_D	V_G	V_S	I_D

（3）测量电压放大倍数。将函数发生器的输出端接到电路的输入端。使函数发生器输出正弦波并调 V_i=100mV,f=1kHz。用示波器观察输出波形（若有失真,应重调静态工作点,使波形不失真）,并用示波器测量输出电压 V_o,计算 A_V

$$A_V = \frac{V_o}{V_i}$$

（4）测量输入电阻。由于输入阻抗高,用第一章 1.2.5 节介绍的方法 2（图 1.2.3 所示）进行测量：使 V_i=100mV, f=1kHz,测放大器的输出电压 V_{o1}；然后在信号源与输入端之间串入 R_X=1MΩ（数值选取尽量接近被测的 R_i 的数量级）,再测输出电压 V_{o2},则

$$R_i = \frac{V_{o2}}{V_{o1} - V_{o2}} R_X$$

2. 测量场效应管可变电阻

（1）按图 4.5.2 连接电路,图中 V_1 为幅度 1V、频率 1kHz 的正弦信号源,V_{GG} 为直流电压源。由图可知

$$I_d = -\frac{V_1}{R_d} \qquad r_{ds} = \frac{V_d}{I_d} = -\frac{V_d}{V_1}R_d$$

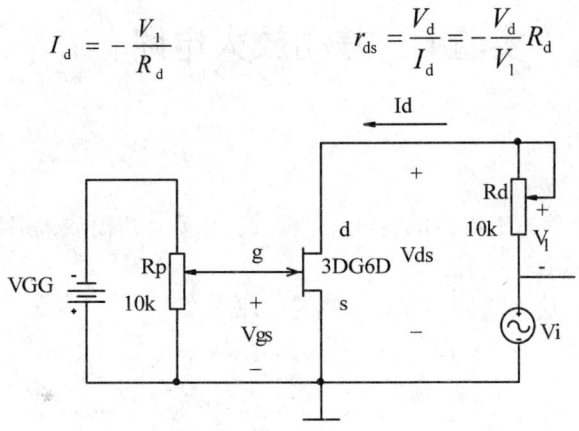

图 4.5.2 测量场效应管可变电阻

（2）滑动电位器 R_P，使 V_{GS}=0V、−0.5V、−1V、−1.5V、−2V，分别测出 V_1 和 V_d 的值，计算出 r_{ds} 的值，填入表 4.5.2 中。

表 4.5.2 测量可变电阻

	V_{GS}=0V	V_{GS}=−0.5V	V_{GS}=−1V	V_{GS}=−1.5V	V_{GS}=−2V
V_1（V）					
V_d（V）					
$r_{ds} = -\frac{V_d}{V_1}R_d$					

五、实验报告

1．认真记录实验数据及波形，按要求填入表格。
2．根据表 4.5.2 的数据，作出 $r_{ds}=f(V_{GS})$ 关系曲线。
3．将实测值和计算值（或用 PSpice 计算出的值）进行比较，分析产生误差的原因。
4．结合实验内容阐述高阻电路测试中应注意的问题。

六、思考题

1．为什么不用第一章 1.2.5 节介绍的方法 1 测量电路的输入电阻？
2．如果采用增强型绝缘栅场效应管和耗尽型正栅压运行下的绝缘栅场效应管构成放大电路时，为何不能用图 4.5.1 所示的自偏压电路？其偏置电路应采用什么类型？

实验 6 差动放大电路

一、实验目的

1. 学习差动放大器静态工作点的调试，差模放大倍数、共模放大倍数、共模抑制比、输入电阻、输出电阻的测试方法。
2. 进一步理解差动放大器抑制零点漂移的原理。

二、实验设备

示波器：SR-071A；函数发生器：EM1643；交流毫伏表：SX2172；万用表：MF-10；直流稳压电源：12 V。

三、预习要求

1. 复习教材中差动放大器的有关内容。设 β 为 100，R_p 取中间位置，估算实验电路的静态工作点及动态指标。
2. 参阅第三章实验 6 虚拟实验的数据及波形。

四、实验电路

实验电路如图 4.6.1 所示，为具有恒流源的差动放大器。其中 R_P 为调零电位器。

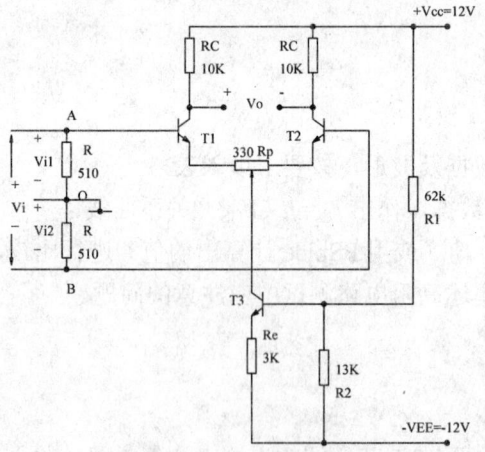

图 4.6.1 差动放大器电路

五、实验内容及步骤

1. 连接电路：按图 4.6.1 在实验箱连接好电路。

2．调零和测量静态工作点：将 A、B 两点分别接地接，即 V_i=0V，调节电位器 R_P，使 V_0=0V。测量电路中各点对地的电位，计算 I_{C1}、I_{C2}，填入表 4.6.1 中。

表 4.6.1 静态工作点

V_{B1}	V_{B2}	V_{C1}	V_{C2}	V_{E1}	V_{E2}	I_{C1}	I_{C2}

3．测量双端输入、双端输出的差模电压放大倍数 A_{Vd}：在 A、B 两端加输入信号 f=1kHz，V_i=50mV，测量输出电压 V_{o1} 与 V_{o2}，计算 A_{Vd}，填入表 4.6.2 中。

4．测量单端输入、单端输出的差模电压放大倍数 A_{Vd1}：使 B 端经 R 接地，在 A、O 两端加输入信号 f=1kHz，V_i=50mV，测量输出电压 V_{o2}，计算 A_{Vd1}，填入表 4.6.2 中。

5．测量共模电压放大倍数 A_{VC} 和 A_{VC1}：将 A、B 短接，在 A、O 两端加共模输入信号 f=1kHz，V_{i1}=V_{i2}=1V，测量输出电压 V_{o1} 与 V_{o2}，计算 A_{VC} 和 A_{VC1}，求出共模抑制比 CMRR，填入表 4.6.2 中。

表 4.6.2 差动放大器的动态指标

		V_{o1}	V_{o2}	A_{Vd}	
双端输出	差模输入（双入双出）				CMRR=
		V_{o1}	V_{o2}	A_{VC}	
	共模输入				
		V_{o2}	A_{Vd1}		
单端输出	差模输入（单入单出）				CMRR1=
		V_{o2}	A_{VC1}		
	共模输入				

注意：

① 每改变一次输入形式时，应用示波器观察输出电压波形，检查放大器工作是否正常。

② 测量双端输出电压 V_o 时，应分别测量 V_{o1} 与 V_{o2}，再计算出 V_o。

差模输出时：$V_o=|V_{o1}|+|V_{o2}|$；共模输出时：$V_o=|V_{o1}|-|V_{o2}|$。

六、实验报告

1．整理实验数据，将差动放大器测试结果以列表的形式进行比较，计算电路共模抑制比 CMRR 的大小，说明恒流源的作用。

2．将实测值和计算值（或用 PSpice 计算出的值）进行比较，分析产生误差的原因。

七、思考题

1. 在实验中，能否用交流毫伏表直接测出 V_o 电压值？
2. 假设差动放大器的 T_1 集电极为输出端，指出该放大器的反相输入端和同相输入端。

实验7　负反馈放大器

一、实验目的

1. 研究负反馈对放大器性能的改善。
2. 学习负反馈放大器技术指标的测试方法。

二、实验设备

示波器：SR-071A；函数发生器：EM1643；交流毫伏表：SX2172；万用表；模拟实验箱。

三、预习要求

1. 复习教材中有关负反馈的内容。设三极管的 $\beta=60$，根据图 4.7.1 的参数，估算基本放大器的 A_V、R_i、R_o、f_H、f_L，利用深度负反馈的近似估算公式估算负反馈放大器的 A_{Vf}、R_{of}、R_{if}、f_{Hf}、f_{Lf}。
2. 参阅第三章实验 7 虚拟实验的数据及波形。

四、实验内容及步骤

实验电路如图 4.7.1 所示，是在两级共射电路中引入电压串联负反馈。

1. 测试开环放大器

（1）连接电路：按图 4.7.1 在实验箱上将电路接为基本放大器，即断开反馈电阻 R_f 与晶体管 T_1 发射极的连线，将 R_f 接地（考虑开环后反馈网络对基本放大器的负载作用）。

（2）静态调试：分别调节电阻 R_{w1} 和 R_{w2}，使两管的集电极电压 $V_{C1}=8V$，$V_{C2}=7V$。

（3）测量电压放大倍数：输入交流信号 $V_i=2mV$、$f=1kHz$。测得 V_o，求出基本放大器的电压放大倍数 A_V，填入表 4.7.1 中。

$$A_V=V_o/V_i$$

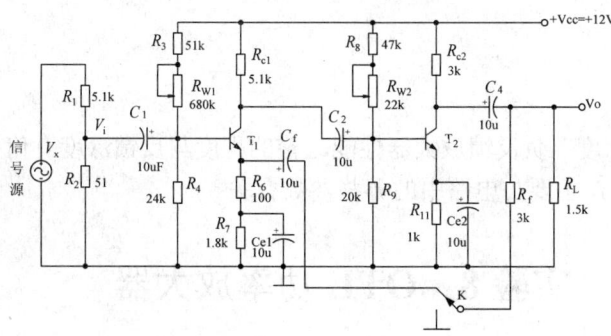

图 4.7.1 反馈放大器电路

（4）测量输出电阻：V_i 保持不变，断开负载，测得 V_o' 计算输出电阻 R_o，填入表 4.7.1 中。

$$R_o = (\frac{V_o'}{V_o} - 1)R_L$$

（5）测量上、下限频率：输入信号 $V_i=2\text{mV}$、$f=1\text{kHz}$，测量输出电压 V_{oM}（中频值）。以此为基准，增加信号频率 f，使输出电压幅度下降至 $0.7V_{oM}$，读取此时的信号频率，即为上限频率 f_H；再降低信号频率，使输出下降至 $0.7V_{oM}$，此时的信号频率即为下限频率 f_L。将测试结果填入表 4.7.1 中。

（6）测量输入电阻：测试方法参见 1.2.5 节（图 1.2.2）。在输入端串入电阻 $R=5.1\text{k}$，调节输入信号，使电压 $V_S=10\text{mV}$ 再测 V_i 值，则

$$R_i = \frac{V_i}{V_S - V_i} R$$

将测试结果填入表 4.7.1 中。

2. 测试闭环放大器

（1）连接电路：在实验板上将电路改接为反馈放大器（R_f 接晶体管 T_1 的发射极）。

（2）重复内容 1 中的（3）、（4）、（5）、（6）步骤，将测试结果填入表 4.7.1 中。

表 4.7.1 放大器的开环与闭环动态指标比较

	电压放大倍数	输入电阻	输出电阻	下限截止频率	上限截止频率
开环放大器					
闭环放大器					

五、实验报告

1. 比较基本放大器和负反馈放大器的测试数据，总结电压串联负反馈对放大器性能的影响。

2. 将测试数据与估算值（或 PSpice 的分析值）比较，分析产生误差的原因。

六、思考题

1. 什么是反馈深度？负反馈放大器性能改善的程度与反馈深度有何关系？
2. 电路的 f_H、f_L 主要与电路中的哪些参数有关？

实验 8 OTL 功率放大器

一、实验目的

1. 学习 OTL 互补对称功率放大器的静态工作点调整，最大输出功率的测试。
2. 熟悉甲乙类工作状态消除交越失真的原理。
3. 了解自举电路提高 OTL 互补对称功率放大器最大不失真输出幅度的原理。

二、实验设备

示波器：SR-071A；函数发生器：EM1643；交流毫伏表：SX2172；万用表：MF-10；直流稳压电源：12V。

三、预习要求

1. 复习教材中有关 OTL 功率放大器的内容。估算实验电路的最大不失真输出功率和效率。
2. 参阅第三章实验 8 虚拟实验的数据及波形。

四、实验内容及步骤

1. 按图 4.8.1 在实验板上将电路接成基本 OTL 互补对称功率放大器（电容 C_3 开路，电阻 R_2 短路）。
2. 调静态工作点：令 $V_i=0$，调节 R_P，使 $V_K=V_{CC}/2$。测量各点的静态电位，填入表 4.8.1，分析各管的工作情况。

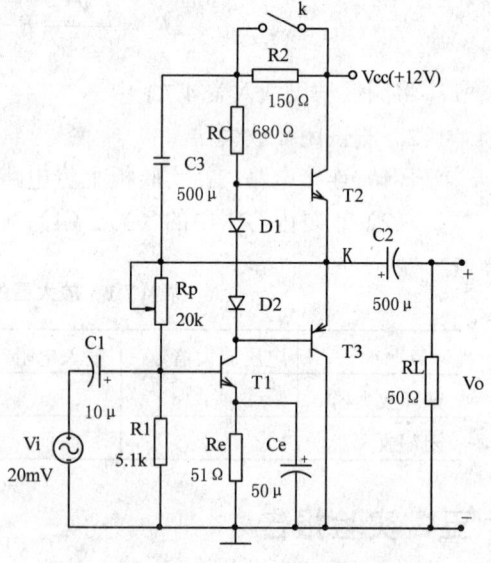

图 4.8.1 OTL 互补对称功率放大器

表 4.8.1 静态工作点

V_K	V_{B1}	V_{E1}	V_{B2}	V_{B3}
$V_{CC}/2$				

3．求 V_i=20mV 时的输出电压和输出功率

输入交流信号 V_i=20mV，f=1kHz，用示波器观看输入输出波形，在输出波形不失真的情况下测量输出电压 V_o，计算输出功率 P_o 填入表 4.8.2 中。

表 4.8.2 功率放大器的动态指标比较

基本 OTL 电路 V_i=20mV	V_{om}（振幅）	$P_o = \dfrac{V_{om}^2}{2R_L}$
基本 OTL 电路 最大不失真输出情况	V_{om}（振幅）	$P_{om} = \dfrac{V_{om}^2}{2R_L}$
自举电路 最大不失真输出情况	V_{om}（振幅）	$P_{om} = \dfrac{V_{om}^2}{2R_L}$

4．测量电路的最大不失真输出功率

逐渐增加输入电压 V_i，用示波器观察到输出电压波形刚刚不失真时，用毫伏表测出输出电压，即为最大不失真输出电压 V_{om}，计算最大不失真输出功率 P_{om} 填入表 4.8.2 中。

5．测量自举电路的最大不失真输出功率

将电路改接成自举电路（将电容 C_3 和电阻 R_2 接入）如图 4.8.1 所示，重复内容 4 的步骤，测出 V_{om}，计算 P_{om} 填入表 4.8.2 中。

6．观察交越失真

在自举电路（或基本 OTL 电路）中将两个二极管短接，输入正弦信号 V_i=20mV，f=1kHz，用示波器观看输出波形，记录交越失真的情况。

五、实验报告

1．列出实验内容的实验结果、实验数据及波形图，按要求填写表 4.8.1 和表 4.8.2。

2. 将自举电路与基本 OTL 电路的动态指标进行比较，说明自举电路的作用。
3. 将实验结果与理论值比较，分析误差的主要原因。

六、思考题

1. 电路的最大不失真输出电压幅度主要与电路中的哪些参数有关？
2. 电路中二极管 D_1、D_2 有什么作用？电路中 C_2 的作用是什么？

实验 9　集成运算放大器组成的基本运算电路

一、实验目的

1. 学习用集成运算放大器组成基本运算电路的方法。
2. 掌握集成运放组成的反相比例、同相比例、加法、减法、积分等基本运算电路的测试方法。

二、实验设备

示波器：SR-071A；万用表；模拟实验箱。

三、预习要求

1. 复习教材中有关运算放大器组成的运算电路的内容，估算各实验电路的理论值。
2. 参阅第三章实验 9 的虚拟实验数据及波形。

四、实验内容及步骤

1. 测试反相比例器

按图 4.9.1 接好的线路。在输入端加入直流信号 V_i，使 V_i 为分别 0.5V 和 1V 时，测量对应的 V_o 值，填入表 4.9.1，验证反相比例关系。

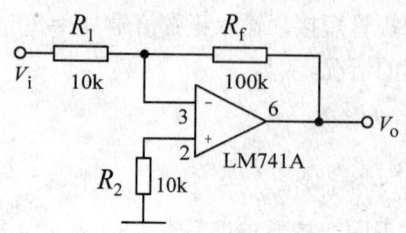

图 4.9.1　反相比例器

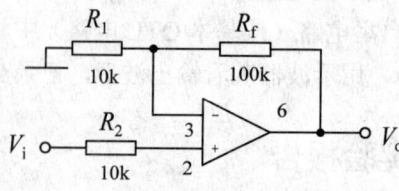

图 4.9.2　同相比例器

2．测试同相比例器

按图 4.9.2 连接电路。使 V_i 为分别为 0.5V 和 0.2V 时，测量对应的 V_o 值，填入表 4.9.1，验证同相比例关系。

3．测试反相加法器

按图 4.9.3 连接电路。使 V_{i1}=0.5V，V_{i2}=0.2V，测量 V_o 值，填入表 4.9.1，验证反相加法器的关系。

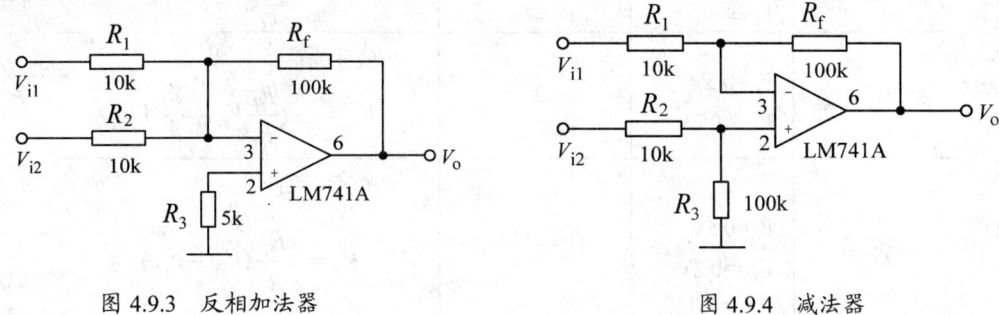

图 4.9.3　反相加法器　　　　　　　图 4.9.4　减法器

4．测试减法器

按图 4.9.4 连接电路。使 V_{i1}=0.5V，V_{i2}=0.2V，测量 V_o 值，填入表 4.9.1，验证减法器的关系。

5．测试积分器

（1）按图 4.9.5 连接电路，电路中 K 为电容器 C 的放电开关。合上电源开关，接入 V_i=0.5V，再将万用表和示波器接至电路的输出端。

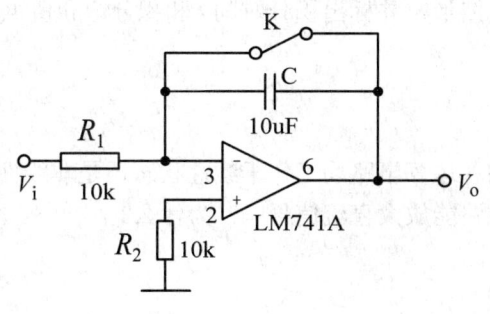

图 4.9.5　积分器

（2）合上 K，使电容放电，再断开 K，电容开始充电，积分电路由零值开始积分。由示波器观察积分过程的波形，并记录下来。用示波器测量并记录积分开始至饱和的时间 t。用万用表测量并记录积分饱和电压值 V_{om}。将测试结果填入表 4.9.1，验证积分关系式。

注：示波器的输入选择开关置"DC"；触发方式置"自激"；扫速开关"T/cm"置 1s。

（3）使 V_i=-0.5V，重复上述测试步骤。

表 4.9.1 各运算电路测试结果

	$V_i=0.5V$	$V_i=1V$	验证关系：$V_o = -\dfrac{R_f}{R_1}$
反相比例器	$V_o=$	$V_o=$	
同相比例器	$V_i=0.5V$	$V_i=0.2V$	验证关系：$V_o = \dfrac{R_1+R_f}{R_1}$
	$V_o=$	$V_o=$	
反相加法器	$V_{i1}=0.5V$ $V_{i2}=0.2V$	$V_o=$	验证关系：$V_o = -(\dfrac{R_f}{R_1}V_{i1} + \dfrac{R_f}{R_2}V_{i2})$
减法器	$V_{i1}=0.5V$ $V_{i2}=0.2V$	$V_o=$	验证关系：$V_o = -\dfrac{R_f}{R_1}(V_{i1}-V_{i2})$
积分器	$V_{i1}=0.5V$	$V_{om}=$ $t=$	验证关系：$V_o = -\dfrac{1}{RC}V_i t$
	$V_{i1}=-0.5V$	$V_{om}=$ $t=$	

五、实验报告

1. 按要求填写表 4.9.1 并将实测数据与理论值比较之，分析误差产生的原因。
2. 画出实测的积分波形，并标出积分时间 t 和积分饱和值 V_{om}。

六、思考题

1. 本实验内容中的各运算电路均工作于线性状态还是非线性状态？
2. 集成运算放大电路能放大直流信号吗？为什么？

实验 10　集成运算放大器的非线性应用

一、实验目的

1. 学习迟滞比较器、方波发生器和限幅电路的测试方法。
2. 了解运算放大器在非线性应用中的工作特点。

二、实验设备

示波器：SR-071A；万用表；模拟实验箱。

三、预习要求

1. 复习教材中有关集成运放非线性应用的内容。

2. 计算图 4.10.1 电路的两个门限电压、回差电压；计算图 4.10.2 电路输出方波的周期和幅值。

3. 参阅第三章实验 10 的虚拟实验数据及波形。

四、实验内容及步骤

1. 测试迟滞比较器

迟滞比较器电路如图 4.10.1 所示。双向稳压管 2DW7D 用于限幅，将输出幅度限制在 $\pm V_Z$。

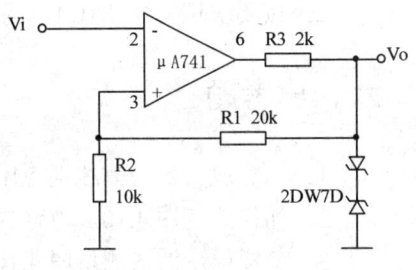

图 4.10.1 迟滞比较器

（1）在实验板上按图 4.10.1 接线，并在实验板上选用一组直流信号源作为 V_i。

（2）将万用表接到输入端，示波器接到输出端(示波器应置 "DC" 输入)。使输入为零，观察 V_o，如有振荡，进行消振。

（3）测量电压传输特性。当示波器观察到输出为低电平时，使 V_i 逐渐向负值增加，观察并测量输出电压 V_o 突跳到高电平时的 V_i 值(此时的 V_i 即 V_- 值)。然后使 V_i 向正的方向逐渐增加，观测输出 V_o 反转到低电平时的 V_i 值(此时的 V_i 即 V_+ 值)。将实测的 V_+、V_- 值填入表 4.10.1 中。

表 4.10.1 测试结果

	V_+	V_-	V_{o+}	V_{o-}
迟滞比较器				
方波发生器	$R_f=120\text{k}\Omega$	周期 $T=$		幅度=
	$R_f=20\text{k}\Omega$	周期 $T=$		幅度=
	$R_2=20\text{k}\Omega\ R_f=20\text{k}\Omega$	周期 $T=$		幅度=

（4）波形转换测试。在比较器输入端加入正弦信号 $V_i=6\text{V}$，$f=50\text{Hz}$，用示波器同时观测 V_i 与 V_o 的波形。

2. 测试方波发生器

（1）在实验板上按图 4.10.2 接线。

（2）调节 R_W，使 $R_f=120\text{k}\Omega$。合上电源，观察 V_o、V_C 点的波形，测量 V_o 波形的周期和幅度。

（3）改变 R_W，使 $R_f=20\text{k}\Omega$，重复上述内容。

（4）将 R_2 换成 $20\text{k}\Omega$，重复上述内容。

将上述测试结果填入表 4.10.1 中。

五、实验报告

1. 整理实验数据及结果，做出图 4.10.1 实测的电压传输特性和图 4.10.2 实测的 V_o 和 V_C 的波形(要求按时间关系画波形)。

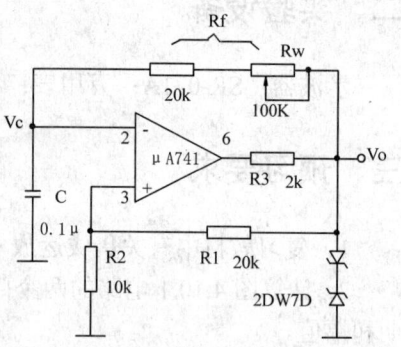

图 4.10.2　方波发生器

2. 按要求填写表 4.10.1，将实验结果与理论值比较，分析误差产生的原因。

六、思考题

1. 运算放大器在非线性应用中的工作特点是什么？
2. 如何改变图 4.10.2 电路的输出频率和幅值？
3. 怎样用示波器测量图 4.10.1 电路的上、下门限电平？

实验 11　RC 正弦波振荡器

一、实验目的

1. 进一步掌握 RC 桥式振荡器及选频放大器的工作原理。
2. 学习振荡电路的调试与测量方法。

二、实验设备

示波器：SR-071A；万用表；模拟实验箱。

三、预习要求

1. 复习教材中有关 RC 桥式振荡器的工作原理，计算图 4.11.1 电路的振荡周期和频率。
2. 参阅第三章实验 11 的虚拟实验数据及波形。

四、实验内容及步骤

1. 基本 RC 桥式振荡电路

（1）按图 4.11.1 实验电路接线。

（2）观察振荡器输出波形：用示波器观察振荡电路输出 V_o 的波形，同时调节 R_P 使输出 V_o 为无明显失真的正弦波，测量此时的 V_o 值。

（3）测量振荡频率：将振荡电路输出端接至示波器 Y_1 输入端，让函数发生器输出正弦信号，将其输出端接至示波器 Y_2 输入端，并将"拉 Y_2（X）"控制开关拉出。

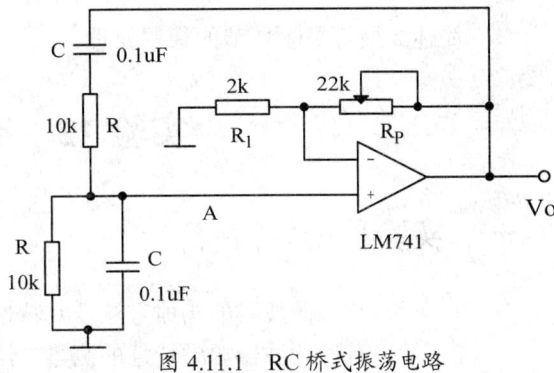

图 4.11.1　RC 桥式振荡电路

调节示波器上"Y_1 V/cm"和"Y_2（X）V/cm"旋钮，使示波器荧光屏上得到大小适中的图形。然后调节函数发生器的频率，当振荡电路的频率与信号发生器的频率相同时，示波器荧光屏上将出现一个完整封闭的图形（圆形或椭圆形）。此时函数发生器上的频率指示值即为振荡电路的振荡频率。

（4）测量放大器的电压放大倍数：测出振荡电路的 V_o 值后，保持 Rp 不变，断开 A 点，把函数发生器的输出电压通过一个 1k 的电位器分压后接至 A 点，调节函数发生器的输出电压（频率同振荡器的振荡频率），使电路的输出 V_o 等于原值，测出此时的输入电压 V_i 的值，则：

$$A_{Vf} = \frac{V_o}{V_i}$$

2. 具有二极管稳幅环节的 RC 桥式振荡电路。

按图 4.11.2 接线。重复实验 1 中的（1）、（2）项内容，观察波形是否有明显改善。

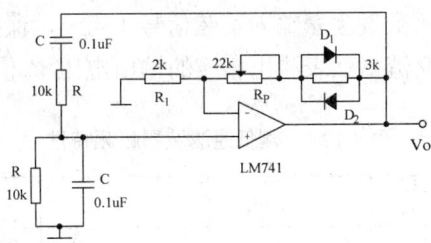

图 4.11.2　具有二极管稳幅环节的 RC 桥式振荡电路

五、实验报告

1. 整理实验数据，分析理论值与实测值之间的误差原因。
2. 总结负反馈深度对振荡器起振的幅值条件及输出波形的影响。

六、思考题

简述二极管稳幅环节的稳幅原理。

实验 12 有源滤波器

一、实验目的

1. 学习有源滤波器的构成方法及其特性。
2. 学习有源滤波器幅频特性的测量方法。

二、实验设备

示波器：SR-071A；函数数发生器：EM1643；万用表；模拟实验箱。

三、预习要求

1. 复习教材中有关有源滤波器的内容。计算实验电路的通带增益和截止频率（或中心频率）。
2. 参阅第三章实验 12 的虚拟实验数据及波形。

四、实验内容及步骤

1. 低通滤波器的幅频特性测试：

按图 4.12.1 接线。从函数发生器输入正弦信号 V_i=2V，保持 V_i 不变，按表 4.12.1 的要求改变信号的频率，用交流毫伏表测出相应的输出电压 V_o 值填入表中。

表 4.12.1 测低通滤波器幅频特性

f（Hz）	$0.01 f_H$	$0.1 f_H$	f_H	$10 f_H$	$100 f_H$
V_o（V）					

注：表中的 f_H 为估算出的电路的截止频率。

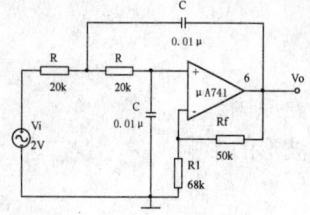

图 4.12.1 低通滤波器

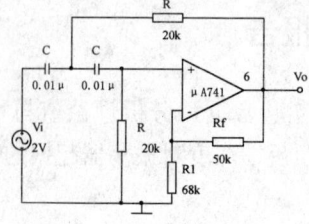

图 4.12.2 高通滤波器

2．高通滤波器

将电路改接为如图 4.12.2 所示，按表 4.12.2 的要求重复低通滤波器的实验步骤。

表 4.12.2　测高通滤波器幅频特性

f（Hz）	$0.01 f_L$	$0.1 f_L$	f_L	$10 f_L$	$100 f_L$
V_o（V）					

注：表中的 f_L 为估算出的电路的截止频率。

3．带通滤波器

将电路改接为如图 4.12.3 所示，按表 4.12.3 的要求重复低通滤波器的实验步骤。

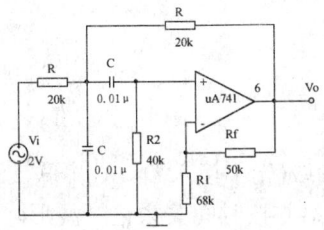

图 4.12.3　带通滤波器

表 4.12.3　测带通滤波器幅频特性

f（Hz）	$0.01 f_0$	$0.1 f_0$	f_0	$10 f_0$	$100 f_0$
V_o（V）					

注：表中的 f_0 为估算出的电路的中心频率。

五、实验报告

1．整理实验数据，画出各电路的幅频特性曲线，分析理论值与实测值之间的误差原因。
2．分析总结用集成运放组成有源滤波电路的结构特点。

六、思考题

三个电路阻带衰减的斜率相同吗？为什么？

实验 13　集成运算放大器的综合实验

一、实验目的

1．熟悉集成运放组成的比较器、积分器、滤波器在波形产生中的应用。

2．掌握波形转换原理及其性能指标的测试方法。

二、实验设备

示波器：SR-071A；万用表；模拟实验箱。

三、预习要求

1．复习教材中有关运放组成的波形发生器的内容，计算实验电路的振荡周期。
2．参阅第三章实验 13 的虚拟实验数据及波形。

四、实验内容及步骤

1．方波—三角波发生器

（1）按图 4.13.1 电路接线(先不接入 D、R_a 串联支路)。将示波器的两个探头分别接到方波、三角波输出端，观察并按时间关系记录波形。

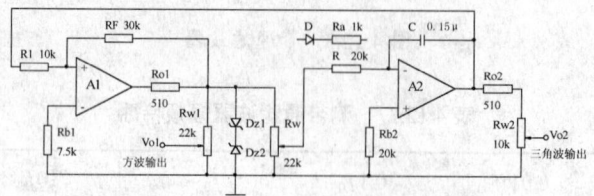

图 4.13.1　方波—三角波发生器

（2）调节电位器 R_W，观察三角波、方波的频率变化，并测量振荡周期 T_{max} 和 T_{min}。

（3）测量 $\alpha=1$ 时的幅值与频率。调 R_W，使 $\alpha=1$，测量方波、三角波的幅值与频率。按时间关系记录相应的波形，并与理论值比较。

（4）观察 R_1 和 R 对波形的影响。分别改变 R_1 和 R，观察三角波、方波的幅值与频率的变化。

2．方波—锯齿波发生器

（1）在图 4.13.1 电路中，将 D、R_a 串联支路并在 R 两端，即得到方波—锯齿波发生器。

（2）重复方波—三角波发生器相应的实验内容。

3．方波—正弦波变换

（1）选择 $R_1=10k$，$R=20k$，使方波—三角波发生器正常工作。

（2）将方波发生器的输出端(R_{W1} 的中心抽头)接到图 4.13.2 所示滤波器的输入端。将示波器的探头接到滤波器的输出端，调

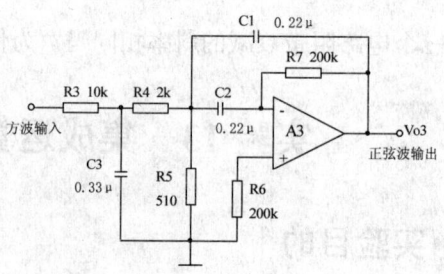

图 4.13.2　方波—正弦波变换电路

R_W，使滤波器输出完好的正弦波形。测出正弦波的幅值和频率。

五、实验报告

1. 记录实验波形，整理测量数据并与理论计算值比较。
2. 讨论实验中出现的问题。

六、思考题

1. 解释本实验中方波—正弦波转换原理。
2. 如何将一个正弦波变换成方波，再变换成三角波？

实验 14　串联反馈式稳压电源

一、实验目的

1. 加深理解串联反馈式稳压电源的工作原理。
2. 学习稳压电源主要技术指标的测量方法。

二、实验设备

示波器：SR-071A；数字式万用表；交流毫伏表：SX2172。

三、预习要求

1. 复习教材中有关串联反馈式稳压电源的内容，计算实验电路的输出电压调节范围。设 R_W 调到中点，估算表 4.14.1 中各点的电压值。
2. 参阅第三章实验 14 的虚拟实验数据及波形。

四、实验电路

图 4.14.1 为串联反馈式稳压电源电路，由变压器、桥式整流电路、电容滤波、调整管、比较放大环节、基准电压（$V_Z \approx 2.7V$）、取样电路、保护电路等部分组成。

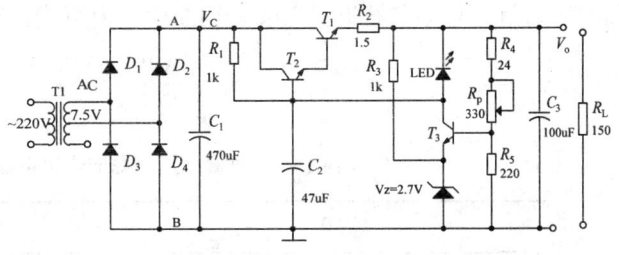

图 4.14.1　串联反馈式稳压电源

220V 交流电压经变压器降压后，在副边获得 7.5V 有效值的交流电压。$D_1 \sim D_4$ 为桥式整流，C_1 为电容滤波电路。T_1、T_2 为复合调整管。R_3、D_Z 稳压管电路提供约 2.7V 的基准电压。R_4、R_P、R_5 分压器为取样环节。T_3、R_1 组成比较放大环节。R_2、LED 为保护电路。

五、实验内容及步骤

1. 接线

按图 4.14.1 接好线路。调整电位器 R_P，观察输出电压 V_o 是否随之改变。如果 V_o 不随 R_P 的调节而变，则说明电路有故障。这时应首先排除故障，再进行下一步实验。

2. 测量各点电压

调节 R_W，使 $V_o=6V$，测量表 4.14.1 中指出的各点电压，记录测量结果。确定调整管及放大管的工作状态是否正常。

表 4.14.1 测量结果

V_{AC}（变压器副边）（交流）	V_o	V_C	V_{B3}	V_Z	V_{B2}

3. 测量输出电压调节范围

调节 R_P，测量输出电压 V_o 的最大值和最小值及对应的输入电压 V_C 和调整管的管压降 V_{CE1}，将测量结果填入表 4.14.2 中。

表 4.14.2 测量输出电压调节范围

	V_o	V_C	V_{CE1}
R_W 右旋到底			
R_W 左旋到底			

4. 测量稳压电源的输出电阻 r_o

空载（$I_o=0$，R_L 开路）时使 $V_o=6V$，用数字万用表测量。满载（$R_L=150\Omega$，$I_o=40mA$）时再测 V_o 值，将测量结果记入表 4.14.3 中。由下式计算电源内阻：

$$r_o = \frac{\Delta V_o}{\Delta I_o}$$

表 4.14.3 测量稳压电源的输出电阻

$I_o=0$	$I_o=40mA$
$V_o=$	$V_o=$
$r_o=$	

5. 测量稳压电源的稳压系数

断开整流滤波电路，将实验箱上的+5V～+27V 的电源调到+9V，接到电路 AB 端（V_i=9V）。调节 Rp，使 V_o=6V（空载）。调节 V_i，用来模拟电网电压的波动±10%，测量输出变化量。由下式计算稳压系数：

$$S_r = \frac{\Delta V_o / V_o}{\Delta V_i / V_i}$$

表 4.14.4 测量稳压电源的稳压系数

V_i	9.9V	9V	8.1V
V_o			
S_r			

6. 观测输出端的纹波电压

分别在空载及满载情况下，用示波器观察整流滤波输出电压 V_C 及稳压输出电压 V_o 的交流分量(即纹波电压)，将波形及测量结果记录下来。

7. 输出保护电路工作情况测试

将负载电阻 R_L 换为 100k 的电位器同时串接电流表。并用电压表监视输出电压，逐渐减小 R_L，直到短路，注意 LED 发光二极管逐渐变亮，记录此时的电压、电流值。

六、实验报告

1. 整理测量数据，按要求填写表 4.14.1～表 4.14.4，并计算出电源各项指标。将实测值与理论计算值进行比较并分析误差原因。
2. 分析保护电路的工作原理和特点。

七、思考题

在测量输出电阻及稳压系数时为什么一定要用数字万用表？

实验 15　集成门电路

一、实验目的

1. 熟悉门电路的逻辑功能及测试方法。
2. 掌握门电路设计的基本方法。

二、实验设备

示波器：SR-071A；函数发生器：EM1643；万用表；数字实验箱。

三、预习要求

熟悉所用器件 74LS00、74LS86 管脚的排列（见附录）。

四、实验内容及步骤

1. 测与非门的逻辑功能

在数字实验箱上找到 74LS00，按图 4.15.1 接线，并按表 4.15.1 输入高低电平，["0"态接"地"，"1"态接+V_{CC}（+5V）]，用万用表测试输出电压并将测试结果填入表中。

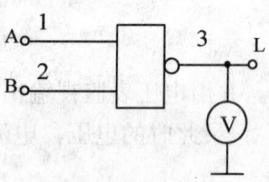

图 4.15.1 测与非门的逻辑功能

表 4.15.1 与非门的真值表

输	入	输	出
A	B	电压(V)	逻辑状态
0	0		
0	1		
1	0		
1	1		

2. 用与非门组成其他的逻辑门电路

（1）与门电路：按图 4.15.2 接线，并将测试结果填入表 4.15.2 中。

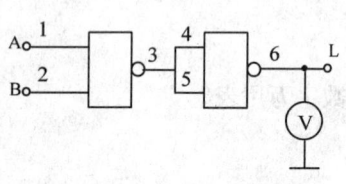

图 4.15.2 与非门组成与门

表 4.15.2 与门的真值表

输	入	输 出
A	B	L（逻辑状态）
0	0	
0	1	
1	0	
1	1	

（2）或门电路：按图 4.15.3 接线并将测试结果填入表 4.15.3 中。

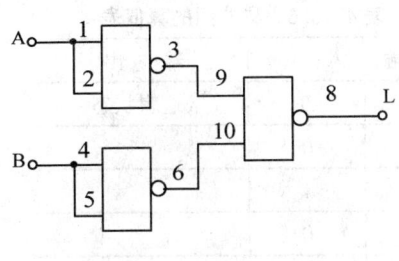

图 4.15.3　与非门组成或门

表 4.15.3　或门的真值表

输入		输出
A	B	L（逻辑状态）
0	0	
0	1	
1	0	
1	1	

（3）或非门电路：按图 4.15.4 接线，并将测试结果填入表 4.15.4 中。

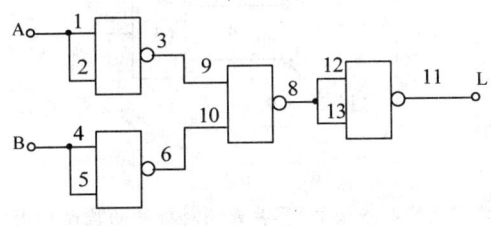

图 4.15.4　与非门组成或非门

表 4.15.4　或非门的真值表

输入		输出
A	B	L（逻辑状态）
0	0	
0	1	
1	0	
1	1	

3．用 74LS00 设计组合逻辑电路

用 7400 设计一个能实现真值表 4.15.5 功能的组合逻辑电路。测试设计电路是否满足要求。

表 4.15.5　真值表

输入			输出
A	B	C	L
0	0	0	0
0	0	1	0
0	1	0	1
0	1	1	0
1	0	0	0
1	0	1	0
1	1	0	1
1	1	1	1

4．观察异或门对脉冲的控制作用

（1）逻辑功能测试：在数字实验箱上找到 74LS86，按图 4.15.5 接好试验电路，并将测试结果填入表 4.15.6 中。

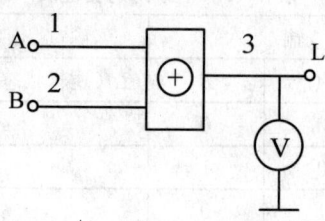

图 4.15.5 测试异或门逻辑功能

表 4.15.6 异或门的真值表

输入		输出
A	B	L（逻辑状态）
0	0	
0	1	
1	0	
1	1	

（2）动态测试：将函数发生器调至方波输出，f=1kHz，然后将它的"TTL 电平"输出端与异或门的 A 输入端相连，异或门的 B 输入端分别接"+5V"（"1"态）或"0V"（"0"态），如图 4.15.6 所示。用示波器同时观察输入端 A 和输出端 L 的波形，注意观察相位关系，并记录波形。

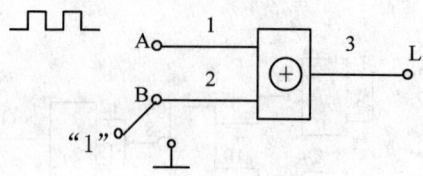

图 4.15.6 观察异或门对脉冲的控制作用

五、实验报告

1. 画出逻辑电路，整理实验数据，按要求填写真值表。
2. 画出异或门动态测试的波形图，说明异或门对脉冲的控制作用。

六、思考题

1. TTL 和 CMOS 电路多余输入端应如何处理？
2. 各门的输出端是否可以连起来用，以实现"线与"？如果想实现"线与"应用什么门电路？

实验 16　半加器与全加器

一、实验目的

1. 验证半加器、全加器的逻辑功能，学习组合逻辑电路的分析与设计方法。
2. 学习集成全加器的测试方法及使用方法。

二、实验设备

示波器：SR-071A；函数发生器：EM1643；万用表；数字实验箱。

三、预习要求

1. 复习半加器、全加器的逻辑功能及组合逻辑电路的分析与设计方法。
2. 熟悉所用器件 74LS00、74LS86、74LS183 管脚的排列。

四、实验内容及步骤

1. 用异或门 74LS86 和与非门 74LS00 组成半加器

按图 4.16.1 在数字实验机上接线,检查无误后接通+5V 电源。按表 4.16.1 输入高低电平,用万用表测量 S 和 C 端电位,并将其转换为逻辑状态,填入表 4.16.1 中。

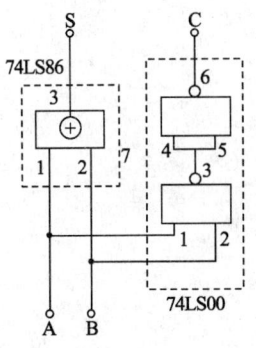

图 4.16.1 半加器电路

表 4.16.1 半加器真值表

输	入	输	出
A	B	S	C
0	0		
0	1		
1	0		
1	1		

2. 集成全加器 74LS183 的逻辑功能测试

双集成全加器 74LS183 的引脚排列见附录。选择其中之一,按表 4.16.2 输入高低电平,用万用表测量 S_i 和 C_i 端电位,并将其转换为逻辑状态,填入表 4.16.2 中。

3. 测试用集成全加器 74LS183 组成的二位串行加法器的逻辑功能

用 74LS183 组成二位串行加法器如图 4.16.3 所示,按表 4.16.2 输入高低电平,用万用表测量 S_i 和 C_i 端电位,并将其转换为逻辑状态,填入表 4.16.3 中。

表 4.16.2 全加器真值表

输		入	输	出
A_i	B_i	C_{i-1}	S_i	C_i
0	0	0		
0	0	1		
0	1	0		
0	1	1		
1	0	0		
1	0	1		
1	1	0		
1	1	1		

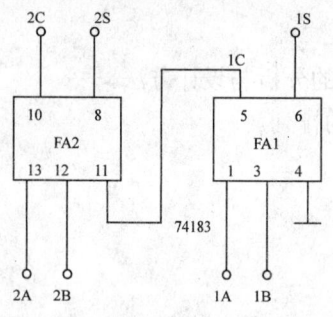

表 4.16.3　测串行加法器功能

输	入			输		出
$2A$	$1A$	$2B$	$1B$	$2C$	$2S$	$1S$
0	1	0	1			
1	0	1	0			
1	0	1	1			
1	1	1	1			

图 4.16.2　74LS183 组成的二位串行加法器

五、实验报告

整理实验数据，对实验结果进行分析讨论。

六、思考题

1. 如何用异或门和与非门组成一个全加器？
2. 如何用集成全加器 74LS183 组成四位串行加法器？

实验 17　译码器与数据选择器

一、实验目的

1. 验证译码器与数据选择器的逻辑功能。
2. 熟悉集成译码器与数据选择器的测试方法及使用方法。

二、实验设备

示波器：SR-071A；函数发生器：EM1643；万用表；数字实验箱。

三、预习要求

复习教材中译码器与数据选择器的有关内容，熟悉所用器件 74LS138、74LS151 的引脚的排列(见附录)。

四、实验内容及步骤

1. 3线—8线译码器的功能测试

在数字实验箱上找到3线—8线译码器74LS138,在输入端按照表4.17.1加入高低电平,用万用表测试输出电压并将测试结果填入表4.17.1中。

表4.17.1 测量3线—8线译码器真值表

输 入					输 出							
G_1	$G_{2A}+G_{2B}$	A_2	A_1	A_0	Y_0	Y_1	Y_2	Y_3	Y_4	Y_5	Y_6	Y_7
1	0	0	0	0								
1	0	0	0	1								
1	0	0	1	0								
1	0	0	1	1								
1	0	1	0	0								
1	0	1	0	1								
1	0	1	1	0								
1	0	1	1	1								
0	×	×	×	×								
×	1	×	×	×								

2. 8选1数据选择器74LS151功能测试

在数字实验箱上找到数据选择器74151,接通电源。在输入端按照表4.17.2加入高低电平,用万用表测试输出电压并将测试结果填入表4.17.2中。

表4.17.2 测量数据选择器74LS151功能表

输 入				输 出
使能	选 择			Z
G	S_2	S_1	S_0	
1	×	×	×	
0	0	0	0	
0	0	0	1	
0	0	1	0	
0	0	1	1	
0	1	0	0	
0	1	0	1	
0	1	1	0	
0	1	1	1	

3. 分别用 74LS138 和 74LS151 实现三位奇数校验器的功能

三位奇数校验器的真值表如表 4.17.3 所示，写出该逻辑函数的最小项表达式为：

$$Y = \overline{A}\,\overline{B}C + \overline{A}B\overline{C} + A\overline{B}\,\overline{C} + ABC$$

（1）用一个 74LS138 译码器和一个四输入端与非门 74LS20 实现。按图 4.17.1 接线，按表 4.17.3 测量相应的输出状态，验证是否满足三位奇数校验器的逻辑功能。

（2）用一个 74151 按图 4.17.2 接线，测量相应的输出状态，验证是否满足三位奇数校验器的逻辑功能。

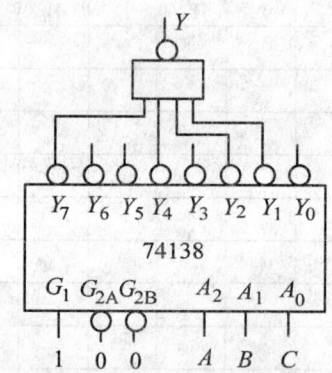
图 4.17.1　用 74LS138 实现三位奇数校验器

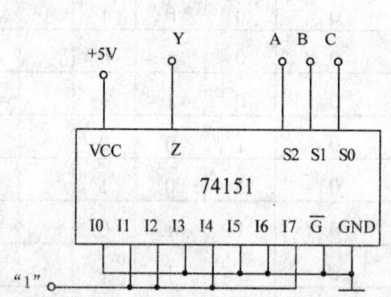
图 4.17.2　用 74151 实现三位奇数校验器

表 4.17.3　三位奇数校验器的真值表

输入			输出
A	B	C	Y
0	0	0	0
0	0	1	1
0	1	0	1
0	1	1	0
1	0	0	1
1	0	1	0
1	1	0	0
1	1	1	1

五、实验报告

1. 整理实验数据及结果，按要求填写表格，总结译码器与数据选择器的基本功能及其应用。

2. 讨论器件使能端的作用。

六、思考题

1. 怎样将 74LSl38 扩展为 4—16 线译码器？
2. 除了作逻辑函数产生器外，译码器和数据选择器还有哪些方面的应用。

实验 18　集成触发器

一、实验目的

1. 学习集成 D 触发器、JK 触发器逻辑功能的测试方法。
2. 学习简单时序电路的动态测试方法。

二、实验设备

示波器：SR—071A；函数发生器：EM1643；万用表；数字实验箱。

三、预习要求

复习教材中有关触发器的内容。熟悉 74LS74、74LS112 的管脚排列。

四、实验内容及步骤

1. D 触发器

双 D 触发器 74LS74 的引脚排列及符号如图 4.18.1 所示。

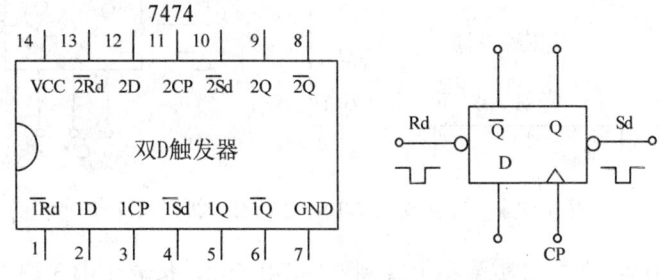

图 4.18.1　74LS74 的引脚排列及符号

（1）清零、预置功能测试：在数字实验箱上找到器件 74LS74，在输入端按照表 4.18.1 加入高低电平，测试相应的输出端的状态填入表 4.18.1 中。表中"×"为任意态，输入"1"接+5V。

（2）D 功能测试：按照表 4.18.2 输入逻辑状态，表中"CP"表示在 CP 端加入单次脉冲，箭头表示有效沿。测试相应的输出端的状态填入表 4.18.2 中。

表 4.18.1 清零、预置功能测试

CP	D	Rd	Sd	Q	$\overline{Q}$
×	×	0	1		
×	×	1	0		

表 4.18.2 D 功能测试

Q_n	D	CP	Q_{n+1}
0	1	↑	
1	0	↑	

（3）组成 T 触发器：按图 4.18.2 接线，在 CP 端加入连续脉冲，用示波器同时观察 CP 与 Q 端的波形，并按时间关系记录下来。

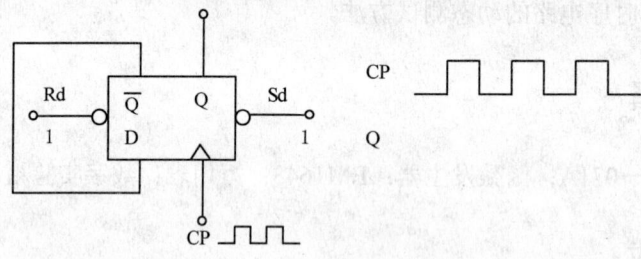

图 4.18.2 D 触发器组成 T 触发器

2．JK 触发器

双 JK 触发器 74LS112 的引脚排列及符号如图 4.18.3 所示。

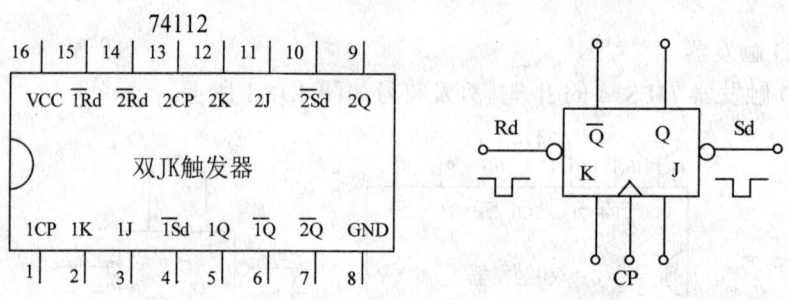

图 4.18.3 JK 触发器 74LS112 的引脚排列及符号

（1）功能测试：在数字实验箱上找到器件 74LSl12，按表 18B.3 输入逻辑状态，表中"CP"表示在 CP 端加入单次脉冲，箭头表示有效沿。测试相应的输出端的状态填入表 4.18.3 中。

表 4.18.3　JK 触发器功能测试

J	K	Q_n	CP	Q_{n+1}
0	0	0	↓	
0	0	1		
0	1	0		
0	1	1		
1	0	0		
1	0	1		
1	1	0		
1	1	1		

（2）组成 T 触发器：按图 4.18.4 接线，在 CP 端加入连续脉冲，用示波器同时观察 CP 与 Q 端的波形，并按时间关系记录下来。

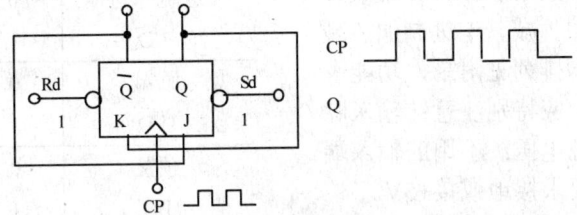

图 4.18.4　JK 触发器组成 T 触发器

五、实验报告

1. 列出触发器的实测功能表，按时间关系画出实测工作波形。
2. 通过 T 触发器功能测试，讨论触发器的计数和分频作用。

六．思考题

1. D 和 JK 触发器的逻辑功能和触发方式有何不同？
2. 在测试 T 触发器功能时，R_d、S_d 端应处于什么状态？

实验 19　集成计数器、译码及显示电路

一、实验目的

1. 熟悉集成计数器、译码器及 LED 数码管的功能及应用。
2. 学习 MOS 集成电路的应用及测试方法。

二、实验设备

示波器：SR-071A；函数发生器：EM1643；万用表；数字实验箱

三、预习要求

1. 复习教材中有关计数器、译码器及 LED 数码管的内容。
2. 熟悉集成计数器 CC4029、集成译码器 74LS47 及共阳数码管的逻辑功能、管脚意义及排列。弄清器件使用中应注意的问题。

四、实验电路

1. 计数器

CC4029 是功能较强的 CMOS 集成计数器，具有二进制加/减、十进制加/减及预置数功能，引脚排列见附录，功能表如表 4.19.1。实验中应特别注意：输入脉冲幅度不能高于电源电压；不用的输入端不能悬空，必须按要求接地或接+5V。

2. 译码显示电路

74LS47 是 BCD—七段译码带输出驱动器的译码器，管脚排列见附录。LED 数码管为七段共阳极数码管与输出低电平有效的 74LS47 相配合，组成译码显示电路。实验中，公共阳极接+5V 电源，LED 数码管的各段的阴极经限流电阻接至 74LS47 的相应的译码输出端。

3. 实验原理图

图 4.19.1 是实验原理图。电源选用+5V，CC4029 的 PE、$\overline{CI}$ 端接地，74LS47 的 LT、BI/$\overline{RBO}$、$\overline{RBI}$ 端接+5V，CC4029 的 Q_3、Q_2、Q_1、Q_0 分别接 74LS47 的 D、C、B、A 端，从而构成计数、译码显示的完整电路。

表 4.19.1 CC4029 功能表

输　　入	状态	功　　能
二进制/十进制	0	十进制计数
B/D	1	二进制计数
加/减	0	减法
U/D	1	加法
预置	0	不能置数
PE	1	允许置数

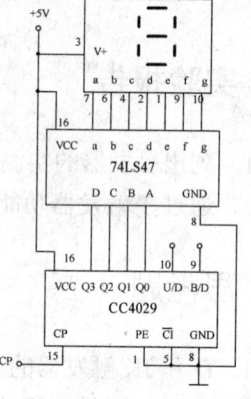

图 4.19.1 计数、译码、显示电路

五、实验内容及步骤

1. 二进制递增计数器

（1）按图 4.19.1 接线。

（2）CC4029 的 B/D、U/D 端接+5V，CP 端接计数脉冲。

（3）输入单次脉冲，用万用表测量各个 Q 端的电压，对照表 4.19.2 检查计数器的状态转换规律。

表 4.19.2 测试计数、译码、显示电路的功能

计数脉冲序列	进位输出 $\overline{CO}$	状态 Q_3 Q_2 Q_1 Q_0	显示字码
0	1	0　0　0　0	0
1	1	0　0　0　1	1
2	1	0　0　1　0	2
3	1	0　0　1　1	3
4	1	0　1　0　0	4
5	1	0　1　0　1	5
6	1	0　1　1　0	6
7	1	0　1　1　1	7
8	1	1　0　0　0	8
9	1	1　0　0　1	9
10	1	1　0　1　0	
11	1	1　0　1　1	
12	1	1　1　0　0	
13	1	1　1　0　1	
14	1	1　1　1　0	
15	0	1　1　1　1	"消隐"
16	1	0　0　0　0	

（4）在计数输入端输入 1KHz 连续脉冲，用示波器观察并记录 CC4029 各 Q 端波形。

2．十进制递增计数器

（1）将 CC4029 的 B/D 端接地，U/D 端接+5V。

（2）在计数输入端输入单次脉冲，观察数码管显示。

（3）在计数输入端输入 1kHz 连续脉冲，用示波器观察、记录各 Q 端波形。

六、实验报告

1．画出实验电路，作出计数器实测功能表。

2. 绘出实测的二进制递增、十进制递增计数器的工作波形。

七、思考题

1. 怎样用 CC4029 组成十二进制或六进制计数器？
2. 试画出两位十进制计数、译码、显示电路接线图。

实验 20　555 定时器的应用

一、实验目的

1. 掌握用 555 定时器构成的几种基本脉冲电路的方法。
2. 学习脉冲形成与整形电路的调试方法。

二、实验设备

示波器：SR-071A；函数发生器：EM1643；万用表；数字实验箱。

三、预习要求

1. 搞清楚 555 定时器组成施密特触发器、多谐振荡器、单稳态触发器的原理。计算实验中所有要定量测试的参数、指标。
2. 参阅第三章实验 20 中虚拟实验的结果及波形。

四、实验内容及步骤

1. 施密特触发器
（1）在数字实验箱上按 4.20.1 接线。
（2）输入正弦信号 V_i=5V，f=1kHz，用示波器同时观察 V_i、V_o 波形及其相位关系。移动 V_o 波形，使得 V_0 与 V_i 相交，测量出正负阈值 V_{T+}、V_{T-}，将测得的波形和参数记录下来。

2. 多谐振荡器
（1）按图 4.20.2 接线。用示波器观察 V_o 及 V_C 端的波形及相位关系，并记录下来。

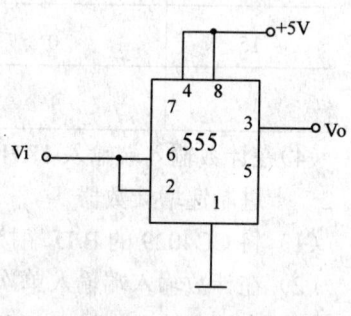

图 4.20.1　555 组成施密特触发器

（2）测量振荡频率的范围：调 R_W 测量振荡周期 T_{min}、T_{max}，并计算相应的 f_{min} 和 f_{max}。

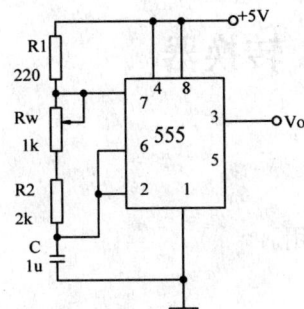
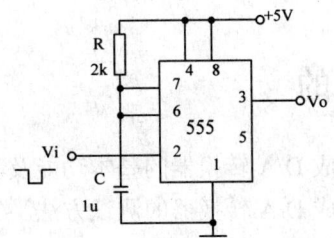

图 4.20.2 555 组成多谐振荡器　　　　图 4.20.3 555 组成单稳态触发器

3．单稳态触发器

（1）按图 4.20.3 接线。

（2）在 V_i 端输入幅度=5V、f=350Hz 的脉冲信号。用示波器观察 V_i、V_C、V_O 各点波形及其相位关系。并将各点波形按时间关系记录下来。

（3）用示波器测量出输出脉宽 T_W 的值。

4．警铃电路

（1）按图 4.20.4 接线。用两片 555 或一片 556 构成低频对高频调制的报警电路。

（2）先不接扬声器，用示波器观察 V_{o1}、V_o 的波形。

（3）接上扬声器，调节参数到声响效果满意。

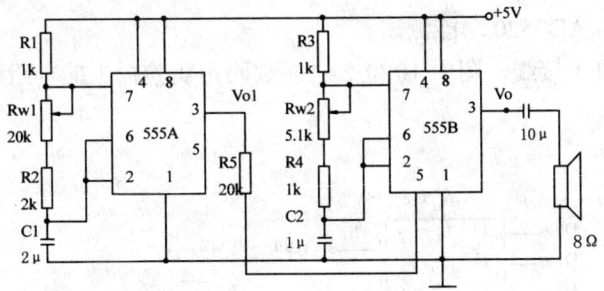

图 4.20.4 变音调音响电路图

五、实验报告

1．整理实验数据，绘出实测波形图。

2．将实测值与理论值比较，分析误差原因。

六、思考题

1．在图 4.20.3 电路中加一窄脉冲形成电路，使其能处理宽脉冲触发信号。

2．试改接图 4.20.2 电路，使其成为占空比可调的振荡器。

实验 21 D/A 转换器

一、实验目的

1. 熟悉集成 D/A 转换器的基本功能及其应用。
2. 学习集成 D/A 转换器的测试方法。

二、实验设备

示波器：SR-071A；函数发生器：EM1643；万用表；数字实验箱。

三、预习要求

1. 熟悉所用器件 AD7520、74LS161 管脚的排列。其管脚的排列见图附录。
2. 参阅第三章实验 21 中虚拟实验的结果及波形。

四、实验内容及步骤

1. D/A 转换器 AD7520 功能测试

（1）按图 4.21.1 接线，图中 10 位二进制数码由实验板上的一组逻辑开关控制，按下时为"1"。

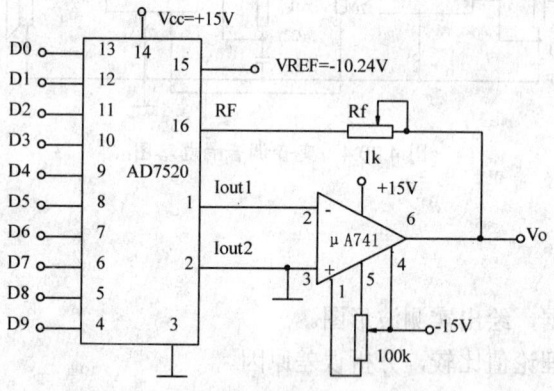

图 4.21.2 测试 D/A 转换器 AD7520 的功能

（2）使 $D_0 \sim D_9$ 全为零，调节运放的反馈电阻使 $V_o=0$。

（3）在输入端按照表 4.21.1 要求加入数字信号，用数字万用表测量输出电压 V_o 并将测量结果填入表 4.21.1。

表 4.21.1　测试 D/A 转换器的功能表

输入数字量										输出模拟量
D_9	D_8	D_7	D_6	D_5	D_4	D_3	D_2	D_1	D_0	V_o（V）
1	1	1	1	1	1	1	1	1	1	
1	0	0	0	0	0	0	0	0	1	
1	0	0	0	0	0	0	0	0	0	
0	1	1	1	1	1	1	1	1	1	
0	0	0	0	0	0	0	0	0	1	
0	0	0	0	0	0	0	0	0	0	

2．用 D/A 转换器组成阶梯波发生器

由 D/A 转换器 AD7520、4 位二进制计数器 74LS161 和运算放大器 μA741 组成的阶梯波发生器如图 4.21.2 所示。

按图 4.21.2 接好线路，将函数发生器调至方波输出，f=1kHz，接到计数器的 CP 端，用示波器观察输出波形并记录之。

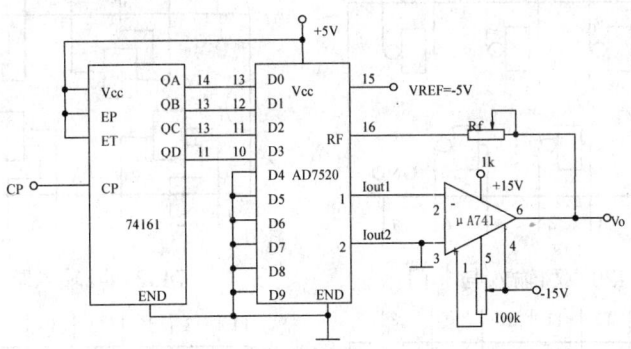

图 4.21.2　阶梯波发生器

五、实验报告

1．画出实验电路，整理实验数据，画出实验波形图。
2．将实验值与理论值比较，分析误差产生的原因。

六、思考题

1．D/A 转换器主要有哪些技术指标？
2．10 位 D/A 转换器的分辨率是多少？在实际应用中，怎样减小转换误差？

附录　部分数字集成电路引脚排列

1. TTL 系列

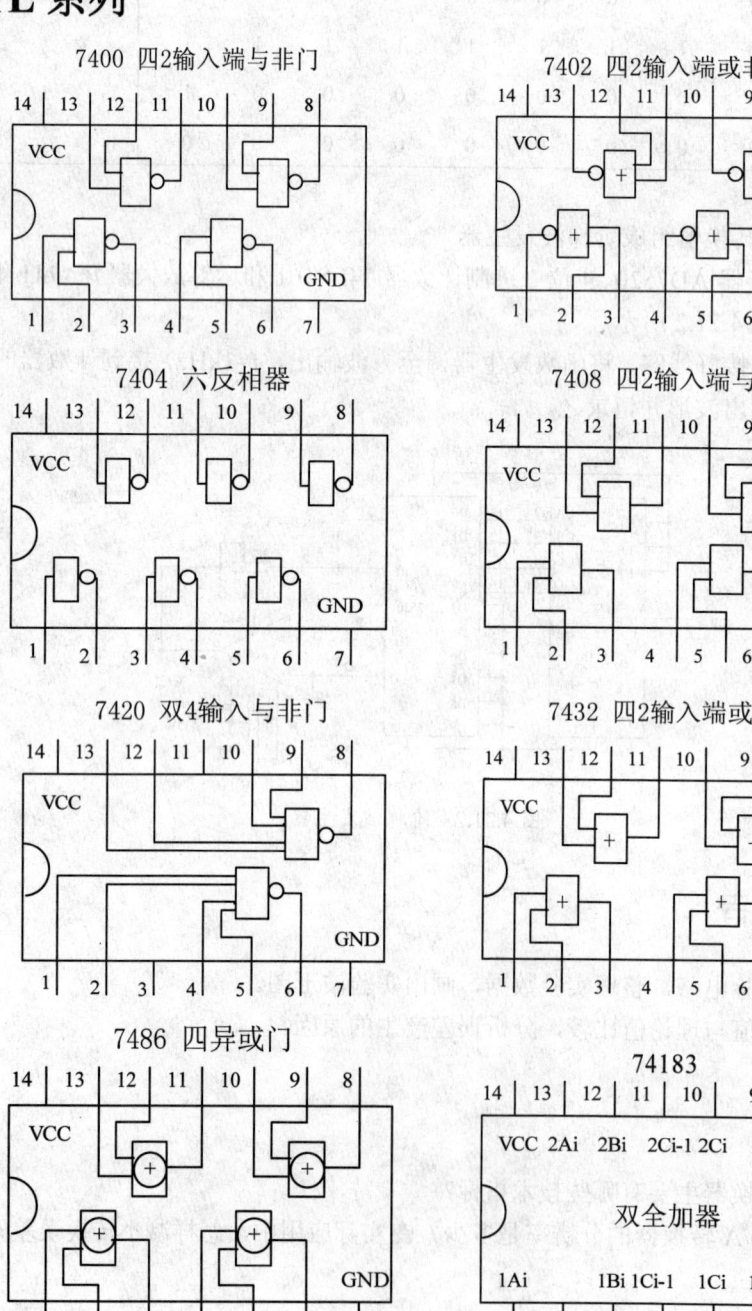

附录

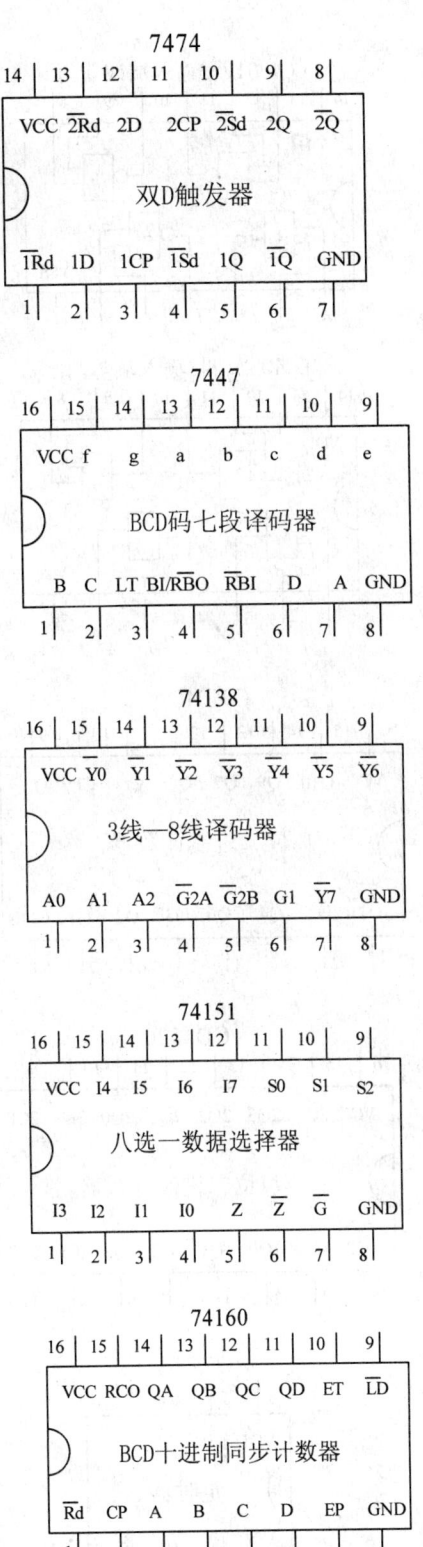

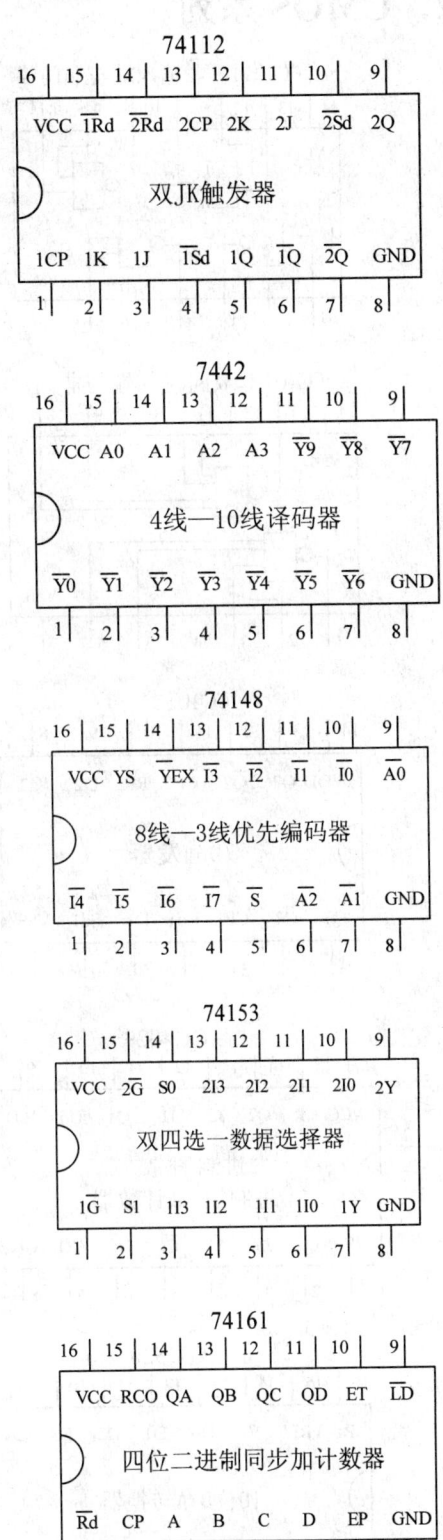

2. CMOS 系列

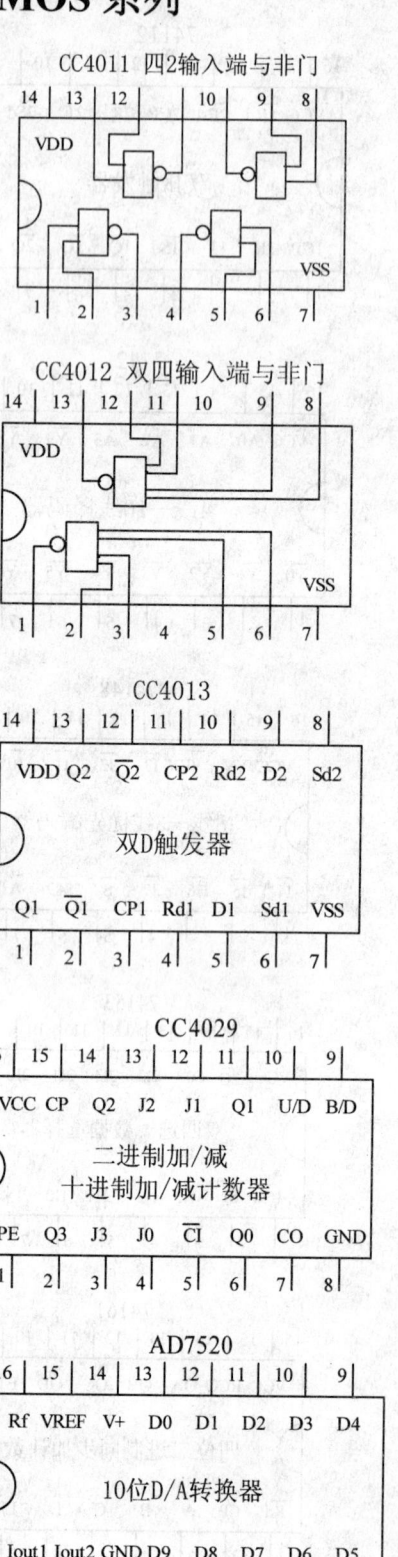
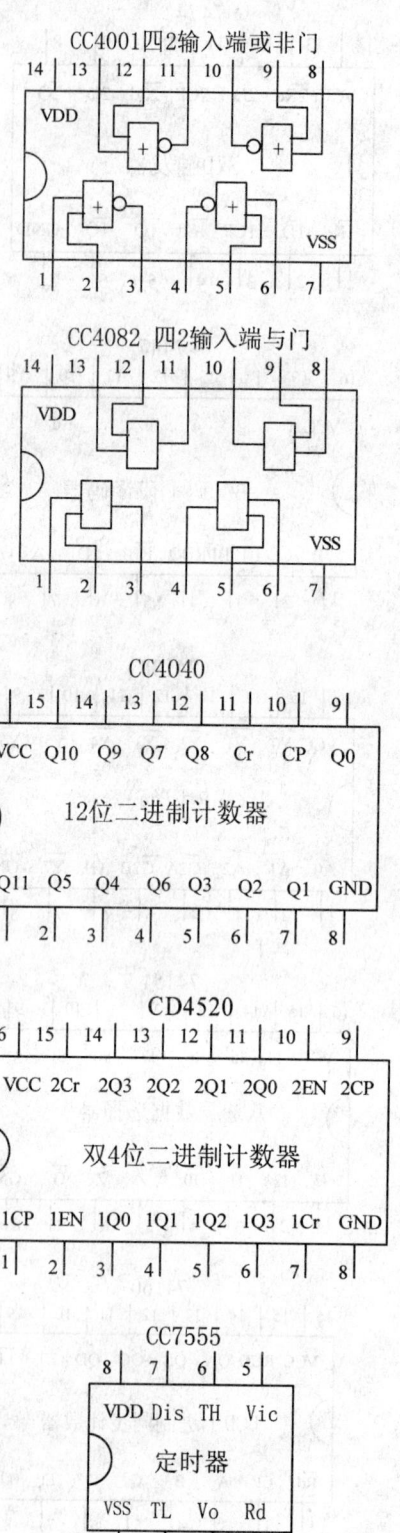

参 考 文 献

1. 康华光. 电子技术基础(第四版).北京.高等教育出版社，2000
2. 童诗白. 模拟电子技术基础(第二版).北京.高等教育出版社，1988
3. 阎石. 数字电子技术基础(第四版).北京.高等教育出版社，1998
4. 陈大钦. 电子技术基础模拟部分(第四版)教师手册.高等教育出版社，2000
5. 陈大钦等. 电子技术基础实验.北京.高等教育出版社，1994
6. 王远. 电子实验技术基础.北京.北京理工大学出版社，1992
7. 宋光汉等. 电气实验技术与测量.北京.中国计量出版社，1992
8. [美]Robert A.Witter.何小平译.电子测量仪器原理与应用.北京.清华大学出版社，1995
9. 贾新章等. OrCAD/PSpice9 实用教程.西安.西安电子科技大学出版社，1999
10. 王辅春. OrCAD9.0 简明教程.北京.机械工业出版社，2000
11. 王锁萍. 电子设计自动化(EDA)教程.成都.电子科技大学出版社，2000
12. 赵雅兴. 电子线路 PSPICE 分析与设计.天津.天津大学出版社，1995

参考文献